中公文庫

最終戦争論

石原莞爾

中央公論新社

最終戦争論　目次

最終戦争論

第一部　最終戦争論

昭和十五年五月二十九日京都義方会に於ける講演速記で同年八月若干追補した。

第一章　戦争史の大観

第一節　決戦戦争と持久戦争

戦争は武力をも直接使用して国家の国策を遂行する行為であります。今アメリカは、ほとんど全艦隊をハワイに集中して日本を脅迫しております。どうも日本は米が足りない、物が足りないと言って弱っているらしい、もうひとおどし、おどせば日支問題も日本側で折れるかも知れぬ、一つ脅迫してやれというのでハワイに大艦隊を集中しているのであります。つまりアメリカは、かれらの対日政策を遂行するために、海軍力を盛んに使っているのでありますが、間接の使用でありますから、まだ戦争ではありません。

戦争の特徴は、わかり切ったことでありますが、武力戦にあるのです。しかしその武力の価値が、それ以外の戦争の手段に対してどれだけの位置を占めるかということによって、戦争に二つの傾向が起きて来るのであります。武力の価値が他の手段にくらべて高いほど戦争は男性的で力強く、太く、短くなるのであります。言い換えれば陽性の戦争――これを私は決戦戦争と命名しております。ところが色々の事情によって、武力の価値がそれ以外の手段、即ち政治的手段に対して絶対的でなくなる――比較的価値が低くなるに従って戦争は細く長く、女性的に、即ち陰性の戦争になるのであります。これを持久戦争と言います。

戦争本来の真面目《しんめんぼく》は決戦戦争であるべきですが、持久戦争となる事情については、単一でありません。これがために同じ時代でも、ある場合には決戦戦争が行なわれ、ある場合には持久戦争が行なわれることがあります。しかし両戦争に分かれる最大原因は時代的影響でありまして、軍事上から見た世界歴史は、決戦戦争の時代と持久戦争の時代を交互に現出して参りました。

戦争のこととなりますと、あの喧嘩好きの西洋の方が本場らしいのでございます。殊に西洋では似た力を持つ強国が多数、隣接しており、且つ戦場の広さも手頃でありますから、決戦・持久両戦争の時代的変遷がよく現われております。日本の戦いは「遠からん者は音にも聞け……」とか何とか言って始める。戦争やらスポーツやら分からぬ。それで私は戦争の歴史を、特に戦争の本場の西洋の歴史で考えて見ようと思います（六六頁の付表参照）。

第二節　古代および中世

古代――ギリシャ、ローマの時代は国民皆兵であります。これは必ずしも西洋だけではありません。日本でも支那でも、原始時代は社会事情が大体に於て人間の理想的形態を取っていることが多いらしいのであります。戦争も同じことであります。ギリシャ、ローマ時代の戦術は極めて整然たる戦術であったのであります。多くの兵が密集して方陣を作り、巧みにそれが進退して敵を圧倒する。今日でもギリシャ、ローマ時代の戦術は依然として軍事学に於ける研究の対象たり得るのであります。国民皆兵であり整然たる戦術によって、この時代の戦争は決戦的色彩を帯びておりました。アレキサンダーの戦争、シイザーの戦争などは割合に政治の掣肘《せいちゅう》を受けないで決戦戦争が行なわれました。

ところがローマ帝国の全盛時代になりますと、国民皆兵の制度が次第に破れて来て傭《よう》兵《へい》になった。これが原因で決戦戦争的色彩が持久戦争的なものに変化しつつあったのであります。これは歴史的に考えれば、東洋でも同じことであります。お隣りの支那では漢民族の最も盛んであった唐朝の中頃から、国民皆兵の制度が乱れて傭兵に堕落する。その時から漢民族の国家生活としての力が弛緩しております。今日まで、その状況がずっと継続しましたが、今次日支事変の中華民国は非常に奮発をして勇敢に戦っております。それでも、まだどうも真の国民皆兵にはなり得ない状況であります。長年文を尊び武を卑しんで来た漢民族の悩みは非常に深刻なものでありますが、この事変を契機としまして何とか昔の漢民族にかえることを私は希望しています。

前にかえりますが、こうして兵制が乱れ政治力が弛緩して参りますと、折角ローマが統一した天下をヤソの坊さんに実質的に征服されたのであります。それが中世であります。中世にはギリシャ、ローマ時代に発達した軍事的組織が全部崩壊して、騎士の個人的戦闘になってしまいました。一般文化も中世は見方によって暗黒時代でありますが、軍事的にも同じことであります。

第三節　文芸復興

それが文芸復興の時代に入って来る。文芸復興期には軍事的にも大きな革命がありました。それは鉄砲が使われ始めたことです。先祖代々武勇を誇っていた、いわゆる名門の騎士も、町人の鉄砲一発でやられてしまう。それでお侍《さむらい》の一騎打ちの時代は必然的に崩壊してしまい、再び昔の戦術が生まれ、これが社会的に大きな変化を招来して来るのであります。

当時は特に十字軍の影響を受けて地中海方面やライン方面に商業が非常に発達して、いわゆる重商主義の時代でありましたから、金が何より大事で兵制は昔の国民皆兵にかえらないで、ローマ末期の傭兵にかえったのであります。ところが新しく発展して来た国家は皆小さいものですから、常に沢山の兵隊を養ってはいられない。それでスイスなどで兵隊商売、即ち戦争の請負業ができて、国家が戦争をしようとしますと、その請負業者から兵隊を傭って来るようになりました。そんな商売の兵隊では戦争の深刻な本性が発揮できるはずがありません。必然的に持久戦争に堕落したのであります。しかし戦争がありそうだから、あそこから三百人傭って来い、あっちからも百人傭って来い、なるたけ値切って傭って来いというような方式では頼りないのでありますから、国家の力が増大するにつれ、だんだん常備傭兵の時代になりました。軍閥時代の支那の軍隊のようなものであります。常備傭兵になりますと戦術が高度に技術化するのです。くろうとの戦いになると巧妙な駆引の戦術が発達して来ます。けれども、やはり金で傭って来るのでありますから、当時の社会統制の原理であった専制が戦術にもそのまま利用されたのです。

その形式が今でも日本の軍隊にも残っております。日本の軍隊は西洋流を学んだのですから自然の結果であります。たとえば号令をかけるときに剣を抜いて「気を付け」とやります。「言うことを聞かないと切るぞ」と、おどしをかける。もちろん誰もそんな考えで剣を抜いているのではありませんが、この指揮の形式は西洋の傭兵時代に生まれたものと考えます。刀を抜いて親愛なる部下に号令をかけるというのは日本流ではない。日本では、まあ必要があれば采配を振るのです。敬礼の際「頭右《かしらみぎ》」と号令をかけ指揮官は刀を前に投げ出します。それは武器を投ずる動作です。刀を投げ捨てて「貴方にはかないません」という意味を示した遺風であろうと思われます。また歩調を取って歩くのは専制時代の傭兵に、弾雨の下を臆病心を押えつけて敵に向って前進させるための訓練方法だったのです。

金で備われて来る兵士に対しては、どうしても専制的にやって行かねばならぬ。兵の自由を許すことはできない。そういう関係から、鉄砲が発達して来ますと、射撃をし易くするためにも、味方の損害を減ずるためにも、隊形がだんだん横広くなって深さを減ずるようになりましたが、まだ専制時代であったので、横隊戦術から散兵戦術に飛躍することが困難だったのであります。

横隊戦術は高度の専門化であり、従って非常に熟練を要するものです。何万という兵隊を横隊に並べる。われわれも若いときに歩兵中隊の横隊分列をやるのに苦心したものです。何百個中隊、何十個大隊が横隊に並んで、それが敵前で動くことは非常な熟練を要することであります。戦術が煩瑣《はんさ》なものになって専門化したことは恐るべき堕落であります。それで戦闘が思う通りにできないのです。ちょっとした地形の障害でもあれば、それを克服することができない。

そんな関係で戦場に於ける決戦は容易に行なわれない。また長年養って商売化した兵隊は非常に高価なものであります。それを濫費することは、君主としては惜しいので、なるべく斬り合いはやりたくない。そういうような考えから持久戦争の傾向が次第に徹底して来るのです。

三十年戦争や、この時代の末期に出て来た持久戦争の最大名手であるフリードリヒ大王の七年戦争などは、その代表的なものであります。持久戦争では会戦、つまり斬り合いで勝負をつけるか、あるいは会戦をなるべくやらないで機動によって敵の背後に迫り、犠牲を少なくしつつ敵の領土を蚕食する。この二つの手段が主として採用されるのであります。

フリードリヒ大王は、最初は当時の風潮に反して会戦を相当に使ったのでありますが、さすがのフリードリヒ大王も、多く血を見る会戦では戦争の運命を決定しかね、遂に機動主義に傾いて来たのであります。

フリードリヒ大王を尊敬し、大王の機動演習の見学を許されたこともあったフランスのある有名な軍事学者は、一七八九年、次の如く言っております。「大戦争は今後起らないだろうし、もはや会戦を見ることはないだろう」。将来は大きな戦争は起きまい。また戦争が起きても会戦などという血なまぐさいことはやらないで主として機動により、なるべく兵の血を流さないで戦争をやるようになるだろうという意味であります。即ち女性的陰性の持久戦争の思想に徹底したのであります。しかし世の中は、あることに徹底したときが革命の時なんです。皮肉にも、この軍事学者がそういう発表をしている一七八九年はフランス革命勃発の年であります。そういうふうに持久戦争の徹底したときにフランス革命が起りました。

第四節　フランス革命

フランス革命当時はフランスでも戦争には傭い兵を使うのがよいと思われていた。ところが多数の兵を傭うには非常に金がかかる。しかるに残念ながら当時、世界を敵とした貧乏国フランスには、とてもそんな金がありません。何とも仕様がない。国の滅亡に直面して、革命の意気に燃えたフランスは、とうとう民衆の反対があったのを押し切り、徴兵制度を強行したのであります。そのために暴動まで起きたのでありますが、活気あるフランスは、それを弾圧して、とにかく百万と称する大軍――実質はそれだけなかったと言われておりますが――を集めて、四方からフランスに殺到して来る熟練した職業軍人の連合軍に対抗したのであります。その頃の戦術は先に申しました横隊です。横隊が余り窮屈なものですから、横隊より縦隊がよいとの意見も出ていたのでありますが、軍事界では横隊論者が依然として絶対優勢な位置を占めておりました。

ところが横隊戦術は熟練の上にも熟練を要するので、急に狩り集めて来た百姓に、そんな高級な戦術が、できっこはないのです。善いも悪いもない。いけないと思いながら縦隊戦術を採ったのです。散兵戦術を採用したのです。縦隊では射撃はできませんから、前に散兵を出して射撃をさせ、その後方に運動の容易な縦隊を運用しました。横隊戦術から散兵戦術へ変化したのであります。決してよいと思ってやったのではありません。やむを得ずやったのです。ところがそれが時代の性格に最も良く合っていたのです。革命の時代は大体そういうものだと思われます。

古くからの横隊戦術が、非常に価値あるもの高級なものと常識で信じられていたときに、新しい時代が来ていたのです。それに移るのがよいと思って移ったのではない。これは低級なものだと思いながら、やむを得ず、やらざるを得なくなって、やったのです。それが、地形の束縛に原因する決戦強制の困難を克服しまして、用兵上の非常な自由を獲得したのみならず、散兵戦術は自由にあこがれたフランス国民の性格によく適合しました。

これに加えて、傭兵の時代とちがい、ただで兵隊を狩り集めて来るのですから、大将は国王の財政的顧慮などにしばられず、思い切った作戦をなし得ることとなったのであります。こういう関係から、十八世紀の持久戦争でなければならなかった理由は、自然に解消してしまいました。

　ところが、そういうように変っても、敵の大将はむろんのこと新しい軍隊を指揮したフランスの大将も、依然として十八世紀の古い戦略をそのまま使っていたのであります。土地を攻防の目標とし、広い正面に兵力を分散し、極めて慎重に戦いをやって行く方式をとっていたのです。このとき、フランス革命によって生じた軍制上、戦術上の変化を達観して、その直感力により新しい戦略を発見し、果敢に運用したのが不世出の軍略家ナポレオンであります。即ちナポレオンは当時の用兵術を無視して、要点に兵力を集めて敵線を突破し、突破が成功すれば逃げる敵をどこまでも追っかけて行って徹底的にやっつける。敵の軍隊を撃滅すれば戦争の目的は達成され、土地を作戦目標とする必要などは、なくなります。

　敵の大将は、ナポレオンが一点に兵を集めて、しゃにむに突進して来ると、そんなことは無理じゃないか、乱暴な話だ、彼は兵法を知らぬなどと言っている間に、自分はやられてしまった。だからナポレオンの戦争の勝利は対等のことをやっていたのではありません。在来と全く変った戦略を巧みに活用したのであります。ナポレオンは敵の意表に出て敵軍の精神に一大電撃を加え、遂に戦争の神様になってしまったのです。白い馬に乗って戦場に出て来る。それだけで敵は精神的にやられてしまった。猫ににらまれた鼠のように、立ちすくんでしまいました。

それまでは三十年戦争、七年戦争など長い戦争が当り前であったのに、数週間か数ヵ月で大きな戦争の運命を一挙に決定する決戦戦争の時代になったのであります。でありますから、フランス革命がナポレオンを生み、ナポレオンがフランス革命を完成したと言うべきです。

特に皆さんに注意していただきたいのは、フランス革命に於ける軍事上の変化の直接原因は兵器の進歩ではなかったことであります。中世暗黒時代から文芸復興へ移るときに軍事上の革命が起ったのは、鉄砲の発明という兵器の関係でありました。けれどもフランス革命で横隊戦術から散兵戦術に、持久戦争から決戦戦争に移った直接の動機は兵器の進歩ではありません。フリードリヒ大王の使った鉄砲とナポレオンの使ったものとは大差がないのです。社会制度の変化が軍事上の革命を来たした直接の原因であります。このあいだ、帝大の教授がたが、このことについて「何か新兵器があったでしょう」と言われますから「新兵器はなかったのです」と言って頑張りますと、「そんなら兵器の製造能力に革命があったのでしょうか」と申されます。「しかし、そんなこともありませんでした」と答えざるを得ないのです。兵器の進歩によってフランス革命を来たしたことにしなければ、学者には都合が悪いらしいのですが、都合が悪くても現実は致し方ないのであります。ただし兵器の進歩は既に散兵の時代となりつつあったのに、社会制度がフランス革命まで、これを阻止していたと見ることができます。

プロイセン軍はフリードリヒ大王の偉業にうぬぼれていたのでしたが、一八〇六年、イエーナでナポレオンに徹底的にやられてから、はじめて夢からさめ、科学的性格を活かしてナポレオンの用兵を研究し、ナポレオンの戦術をまねし出しました。さあそうなると、殊にモスコー敗戦後は、遺憾ながらナポレオンはドイツの兵隊に容易には勝てなくなってしまいました。世の中では末期のナポレオンは淋病で活動が鈍ったとか、用兵の能力が低下したとか、いい加減なことを言いますけれども、ナポレオンの軍事的才能は年とともに発達したのです。しかし相手もナポレオンのやることを覚えてしまったのです。人間はそんなに違うものではありません。皆さんの中にも、秀才と秀才でない人がありましょう。けれども大した違いではありません。ナポレオンの大成功は、大革命の時代に世に率先して新しい時代の用兵術の根本義をとらえた結果であります。天才ナポレオンも、もう二十年後に生まれたなら、コルシカの砲兵隊長ぐらいで死んでしまっただろうと思います。諸君のように大きな変化の時代に生まれた人は非常に幸福であります。この幸福を感謝せねばなりません。ヒットラーやナポレオン以上になれる特別な機会に生まれたのです。

フリードリヒ大王とナポレオンの用兵術を徹底的に研究したクラウゼヴィッツというドイツの軍人が、近代用兵学を組織化しました。それから以後、ドイツが西洋軍事学の主流になります。そうしてモルトケのオーストリアとの戦争（一八六六年）、フランスとの戦争（一八七〇―七一年）など、すばらしい決戦戦争が行なわれました。その後シュリーフェンという参謀総長が長年、ドイツの参謀本部を牛耳っておりまして、ハンニバルのカンネ会戦を模範とし、敵の両翼を包囲し騎兵をその背後に進め敵の主力を包囲殲滅《せんめつ》すべきことを強調し、決戦戦争の思想に徹底して、欧州戦争に向ったのであります。

第五節　第一次欧州大戦

シュリーフェンは一九一三年、欧州戦争の前に死んでおります。つまり第一次欧州大戦は決戦戦争発達の頂点に於て勃発したのです。誰も彼も戦争は至短期間に解決するのだと思って欧州戦争を迎えたのであります。ぼんくらまで、そう思ったときには、もう世の中は変っているのです。あらゆる人間の予想に反して四年半の持久戦争になりました。

しかし今日、静かに研究して見ると、第一次欧州大戦前に、持久戦争に対する予感が潜在し始めていたことがわかります。ドイツでは戦前すでに「経済動員の必要」が論ぜられておりました。またシュリーフェンが参謀総長として立案した最後の対仏作戦計画である一九〇五年十二月案には、アルザス・ロートリンゲン地方の兵力を極端に減少してベルダン以西に主力を用い、パリを大兵力をもって攻囲した上、更に七軍団（十四師団）の強大な兵団をもってパリ西南方から遠く迂回し、敵主力の背後を攻撃するという真に雄大なものでありました（二四頁の図参照）。ところが一九〇六年に参謀総長に就任したモルトケ大将の第一次欧州大戦初頭に於ける対仏作戦は、御承知の通り開戦初期は破竹の勢いを以てベルギー、北フランスを席捲して長駆マルヌ河畔に進出し、一時はドイツの大勝利を思わせたのでありましたが、ドイツ軍配置の重点はシュリーフェン案に比して甚だしく東方に移り、その右翼はパリにも達せず、敵のパリ方面よりする反撃に遇《あ》うともろくも敗れて後退のやむなきに至り、遂に持久戦争となりました。この点についてモルトケ大将は、大いに批難されているのであります。たしかにモルトケ大将の案は、決戦戦争を企図したドイツの作戦計画としては、甚だ不徹底なものと言わねばなりません。シュリーフェン案を決行する鉄石の意志と、これに対する十分な準備があったならば、第一次欧州大戦も決戦戦争となって、ドイツの勝利となる公算が、必ずしも絶無でなかったと思われます。

しかし私は、この計画変更にも持久戦争に対する予感が無意識のうちに力強く作用していたことを認めます。即ちシュリーフェン時代にはフランス軍は守勢をとると判断されたのに、その後、フランス軍はドイツの重要産業地帯であるザール地方への攻勢をとるものと判断されるに至ったことが、この方面への兵力増加の原因であります。また大規模な迂回作戦を不徹底ならしめたのは、モルトケ大将が、シュリーフェン元帥の計画

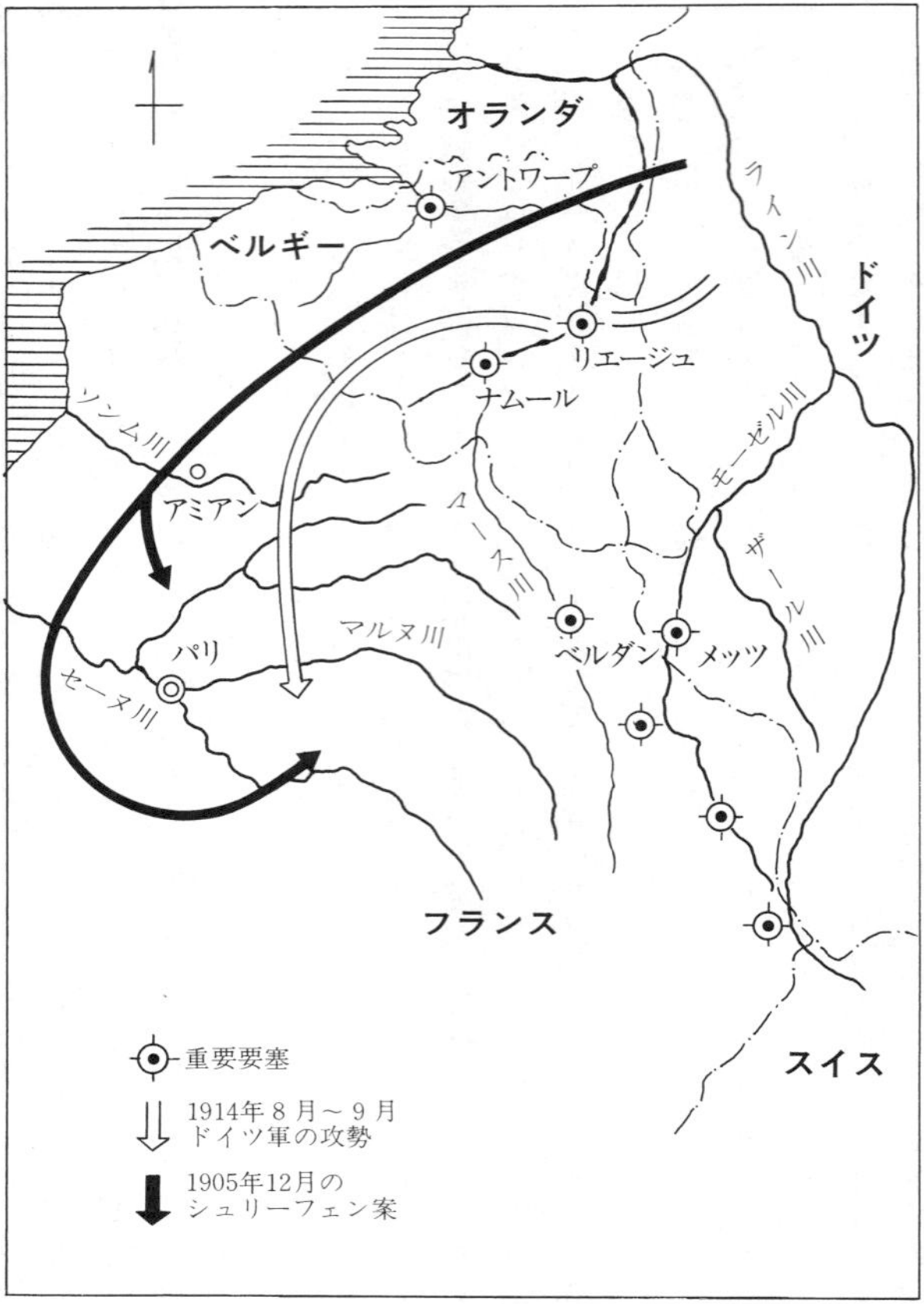

ドイツの対仏作戦における軍主力の前進方向

では重大条件であったオランダの中立侵犯を断念したことが、最も有力な原因となっているものと私は確信いたします。ザール鉱工業地帯の掩護《えんご》、特にオランダの中立尊重は、戦争持久のための経済的考慮によったのであります。即ち決戦を絶叫しつつあったドイツ参謀本部首脳部の胸の中に、彼らがはっきり自覚しない間に持久戦争的考慮が加わりつつあったことは甚だ興味深いものと思います。

四年半は三十年戦争や七年戦争に比べて短いようでありますが緊張が違う。昔の戦争は三十年戦争などと申しましても中間に長い休みがあります。七年戦争でも、冬になれば傭兵を永く寒い所に置くと皆逃げてしまいますから、お互に休むのです。ところが第一次欧州戦争には徹底した緊張が四年半も続きました。

なぜ持久戦争になったかと申しますと、第一に兵器が非常に進歩しました。殊に自動火器――機関銃は極めて防禦に適当な兵器であります。だからして簡単には正面が抜けない。第二にフランス革命の頃は、国民皆兵でも兵数は大して多くなかったのですが、第一次欧州戦争では、健康な男は全部、戦争に出る。歴史で未だかつてなかったところの大兵力となったのです。それで正面が抜けない。さればと言って敵の背後に迂回しようとすると、戦線は兵力の増加によってスイスから北海までのびているので迂回することもできない。突破もできなければ迂回もできない。それで持久戦争になったのであります。

フランス革命のときは社会の革命が戦術に変化を及ぼして、戦争の性質が持久戦争から決戦戦争になったのでしたが、第一次欧州大戦では兵器の進歩と兵力の増加によって、決戦戦争から持久戦争に変ったのであります。

四年余の持久戦争でしたが、十八世紀頃の持久戦争のように会戦を避けることはなく決戦が連続して行なわれ、その間に自然に新兵器による新戦術が生まれました。

砲兵力の進歩が敵散兵線の突破を容易にするので、防者は数段に敵の攻撃を支えることとなり、いわゆる数線陣地となりましたが、それでは結局、敵から各個に撃破される危険があるため、逐次抵抗の数線陣地の思想から自然に面式の縦深防禦の新方式が出てきました。

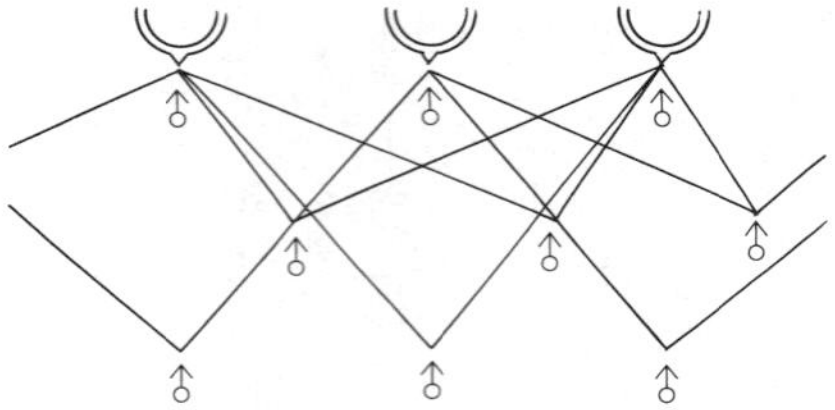

すなわち自動火器を中心とする一分隊ぐらい（戦闘群）の兵力が大間隔に陣地を占め、さらにこれを縦深に配置するのであります（上図参照）。このような兵力の分散により敵の砲兵火力の効力を減殺するのみならず、この縦深に配置された兵力は互に巧妙に助け合うことによって、攻者は単に正面からだけでなく前後左右から不規則に不意の射撃を受ける結果、攻撃を著しく困難にします。

こうなると攻撃する方も在来のような線の散兵では大損害を受けますから、十分縦深に疎開し、やはり面の戦力を発揮することにつとめます。横隊戦術は前に申しましたように専制をその指導精神としたのに対し、散兵戦術は各兵、各部隊に十分な自由を与え、その自主的活動を奨励する自由主義の戦術であります。しかるに面式の防禦をしている敵を攻撃するに各兵、各部隊の自由にまかせて置いては大きな混乱に陥るから、指揮官の明確な統制が必要となりました。面式防禦をするのには、一貫した方針に基づく統制が必要であります。

即ち今日の戦術の指導精神は統制であります。しかし横隊戦術のように強権をもって各兵の自由意志を押えて盲従させるものとは根本に於て相違し、各部隊、各兵の自主的、積極的、独断的活動を可能にするために明確な目標を指示し、混雑と重複を避けるに必要な統制を加えるのであります。自由を抑制するための統制ではなく、自由活動を助長するためであると申すべきです。

右のような新戦術は第一次欧州大戦中に自然に発生し、戦後は特にソ連の積極的研究が大きな進歩の動機となりました。欧州大戦の犠牲をまぬがれた日本は一番遅れて新戦術を採用し、今日、熱心にその研究訓練に邁進しております。

また第一次欧州大戦中に、戦争持久の原因は西洋人の精神力の薄弱に基づくもので大和魂をもってせば即戦即決が可能であるという勇ましい議論も盛んでありましたが、真相が明らかになり、数年来は戦争は長期戦争・総力戦で、武力のみでは戦争の決がつかないというのが常識になり、第二次欧州大戦の初期にも誰もが持久戦争になるだろうと考えていましたが、最近はドイツ軍の大成功により大きな疑問を生じて参りました。

第六節　第二次欧州大戦

第二次欧州大戦では、ドイツのいわゆる電撃作戦がポーランド、ノールウェーのような弱小国に対し迅速に決戦戦争を強行し得たことは、もちろん異とするに足りません。しかし仏英軍との間には恐らくマジノ、ジークフリートの線で相対峙し、お互にその突破が至難で持久戦争になるものと考えたのであります。

ドイツがオランダ、ベルギーに侵入することはあっても、それは英国に対する作戦基地を得るためで、連合軍の主力との間に真の大決戦が行なわれるだろうとは考えられませんでした。しかるに五月十日以来のドイツの猛撃は瞬時にオランダ、ベルギーを屈伏せしめ、難攻と信ぜられたマジノ延長線を突破して、ベルギーに進出した仏英の背後に迫り、たちまち、これを撃滅し、更に矛《ほこ》を転じてマジノ線以西の地区からパリに迫ってこれを抜き、オランダ侵入以来わずか五週間で強敵フランスに停戦を乞わしめるに至りました。即ち世界史上未曾有の大戦果を挙げ、フランスに対しても見事な決戦戦争を遂行したのであります。しからば、果してこれが今日の戦争の本質であるかと申せば、私は、あえて「否」と答えます。

第一次欧州大戦に於ては、ドイツの武力は連合軍に比し多くの点で極めて優秀でありましたが、兵力は遥かに劣勢であり、戦意は双方相譲らない有様で大体互角の勝負でありました。ところがヒットラーがドイツを支配して以来、ドイツは真に挙国一致、全力を挙げて軍備の大拡充に努力したのに対し、自由主義の仏英は漫然これを見送ったために、空軍は質量共に断然ドイツが優勢であることは世界がひとしく認めていたのであります。今度いよいよ戦争の幕をあけて見ると、ドイツ機械化兵団が極めて精鋭且つ優勢であるのみならず、一般師団の数も仏英側に対しドイツは恐らく三分の一以上も優勢を保持しているらしいのです。しかも英雄ヒットラーにより全国力が完全に統一運用されているのに反し、数年前ドイツがライン進駐を決行したとき、フランスが断然ベルサイユ条約に基づきドイツに一撃を加えることを主張したのに対し英国は反対し、その後も作戦計画につき事毎に意見の一致を見なかったと信ぜられます。フランスの戦意はこんな関係で第一次欧州大戦のようではなく、マジノ延長線も計画に止まり、ほとんど構築されていなかったらしいのです。

戦力の著しく劣勢なフランスは、国境で守勢をとるべきだったと思われます。恐らく軍当局はこれを欲したのでしょうが、政略に制せられてベルギーに前進し、この有力なベルギー派遣軍がドイツの電撃作戦に遇《あ》って徹底的打撃を受け、英軍は本国へ逃げかえりました。英国が本気でやる気なら、本国などは海軍に一任し全陸軍はフランスで作戦すべきであります。英仏の感情は恐らく極めて不良となったことと考えられます。かくてドイツが南下するや、仏軍は遂に抵抗の実力なく、名将ペタン将軍を首相としてドイツに降伏しました。

このように考えますと、今次の戦争は全く互角の勝負ではなく、連合側の物心両面に於ける甚だしい劣勢が必然的にこの結果を招いたのであります。そもそも持久戦争は大体互角の戦争力を有する相手の間に於てのみ行なわれるものです。第一次欧州大戦では開戦初期の作戦はドイツの全勝を思わせたのでしたが、マルヌで仏軍の反撃に敗れ、また最後の一九一八年のルーデンドルフの大攻勢では、北フランスに於ける戦場付近で仏英軍に大打撃を与え、一時は全く敵を中断して戦争の運命を決し得るのではないかとさえ見えたのでしたが、遂に失敗に終りました。両軍は大体互角で持久戦争となり、ドイツは主として経済戦に敗れて遂に降伏したのであります。

フィンランドはソ連に屈伏はしたものの、極めて劣勢の兵力で長時日ソ連の猛撃を支え、今日の兵器に対しても防禦威力の如何に大なるかを示しました。またベルギー戦線でも、まだ詳細は判りませんが、ブリュッセル方面から敵の正面を攻めたドイツ軍は大きな抵抗に遇い、容易には敵線を突破できなかった様子です。現在は第一次欧州大戦に比べると、空軍の大進歩、戦車の進歩などがありますが、十分の戦備と決心を以て戦う敵線の突破は今日も依然として至難で、戦争持久に陥る公算が多く、まだ持久戦争の時代であると観察されます。

第二章　最終戦争

われわれは第一次欧州大戦以後、戦術から言えば戦闘群の戦術、戦争から言えば持久戦争の時代に呼吸しています。第二次欧州戦争で所々に決戦戦争が行なわれても、時代の本質はまだ持久戦争の時代であることは前に申した通りでありますが、やがて次の決戦戦争の時代に移ることは、今までお話した歴史的観察によって疑いのないところであります。

その決戦戦争がどんな戦争であるだろうか。これを今までのことから推測して考えましょう。まず兵数を見ますと今日では男という男は全部戦争に参加するのでありますが、この次の戦争では男ばかりではなく女も、更に徹底すれば老若男女全部、戦争に参加することになります。

戦術の変化を見ますと、密集隊形の方陣から横隊になり散兵になり戦闘群になったのであります。これを幾何学的に観察すれば、方陣は点であり横隊は実線であり散兵は点線であり、戦闘群の戦法は面の戦術であります。点線から面に来たのです。この次の戦争は体（三次元）の戦法であると想像されます。

それでは戦闘の指揮単位はどういうふうに変化したかと言うと、必ずしも公式の通りではなかったのでありますが、理屈としては密集隊形の指揮単位は大隊です。今のように拡声器が発達すれば「前へ進め」と三千名の連隊を一斉に動かし得るかも知れませんが、肉声では声のよい人でも大隊が単位です。われわれの若いときに盛んにこの大隊密集教練をやったものであります。横隊になると大隊ではどんな声のよい人でも号令が通りません。指揮単位は中隊です。次の散兵となると中隊長ではとても号令は通らないので、小隊長が号令を掛けねばいけません。それで指揮単位は小隊になったのであります。戦闘群の戦術では明瞭に分隊——通常は軽機一挺《ちょう》と鉄砲十何挺を持っている分隊が単位であります。大隊、中隊、小隊、分隊と逐次小さくなって来た指揮単位は、この次は個人になると考えるのが至当であろうと思います。

単位は個人で量は全国民ということは、国民の持っている戦争力を全部最大限に使うことです。そうして、その戦争のやり方は体の戦法即ち空中戦を中心としたものでありましょう。われわれは体以上のもの、即ち四次元の世界は分からないのです。そういうものがあるならば、それは恐らく霊界とか、幽霊などの世界でしょう。われわれ普通の人間には分からないことです。要するに、この次の決戦戦争は戦争発達の極限に達するのであります。

戦争発達の極限に達するこの次の決戦戦争で戦争が無くなるのです。人間の闘争心は無くなりません。闘争心が無くならなくて戦争が無くなるとは、どういうことか。国家の対立が無くなる――即ち世界がこの次の決戦戦争で一つになるのであります。

これまでの私の説明は突飛だと思う方があるかも知れませんが、私は理論的に正しいものであることを確信いたします。戦争発達の極限が戦争を不可能にする。例えば戦国時代の終りに日本が統一したのは軍事、主として兵器の進歩の結果であります。即ち戦国時代の末に信長、秀吉、家康という世界歴史でも最も優れた三人の偉人が一緒に日本に生まれて来ました。三人の協同作業です。信長が、あの天才的な閃《ひらめ》きで、大革新を妨げる堅固な殼を打ち割りました。割った後もあまり天才振りを発揮されると困ります。それで明智光秀が信長を殺した。信長が死んだのは用事が終ったからであります。それで秀吉が荒削りに日本の統一を完成し、朝鮮征伐までやって統一した日本の力を示しました。そこに家康が出て来て、うるさい婆さんのように万事キチンと整頓してしまった。徳川が信長や秀吉の考えたような皇室中心主義を実行しなかったのは遺憾千万ですが、この三人で、ともかく日本を統一したのであります。なぜ統一が可能であったかと言えば、種子島へ鉄砲が来たためです。いくら信長や秀吉が偉くても鉄砲がなくて、槍と弓だけであったならば旨く行きません。信長は時代を達観して尊皇の大義を唱え、日本統一の中心点を明らかにしましたが、彼は更に今の堺《さかい》から鉄砲を大量に買い求めて統一の基礎作業を完成しました。

　今の世の中でも、もしもピストル以上の飛び道具を全部なくしたならば、選挙のときには恐らく政党は演壇に立って言論戦なんかやりません。言論では勝負が遅い。必ず腕力を用いることになります。しかし警察はピストルを持っている。兵隊さんは機関銃を持っている。いかに剣道、柔道の大家でも、これではダメだ。だから甚だ迂遠な方法であるが、言論戦で選挙を争っているのです。兵器の発達が世の中を泰平にしているのです。この次の、すごい決戦戦争で、人類はもうとても戦争をやることはできないということになる。そこで初めて世界の人類が長くあこがれていた本当の平和に到着するのであります。

　要するに世界の一地方を根拠とする武力が、全世界の至るところに対し迅速にその威力を発揮し、抵抗するものを屈伏し得るようになれば、世界は自然に統一することとなります。

　しからばその決戦戦争はどういう形を取るかを想像して見ます。戦争には老若男女全部、参加する。老若男女だけではない。山川草木全部、戦争の渦中に入るのです。しかし女や子供まで全部が満州国やシベリヤ、または南洋に行って戦争をやるのではありません。戦争には二つのことが大事です。

　一つは敵を撃つこと――損害を与えること。もう一つは損害に対して我慢することです。即ち敵に最大の損害を与え、自分の損害に堪え忍ぶことであります。この見地からすると、次の決戦戦争では敵を撃つものは少数の優れた軍隊でありますが、我慢しなければならないものは全国民となるのです。今日の欧州大戦でも空軍による決戦戦争の自信力がありませんから、無防禦の都市は爆撃しない。軍事施設を爆撃したとか言っておりますけれども、いよいよ真の決戦戦争の場合には、忠君愛国の精神で死を決心している軍隊などは有利な目標でありません。最も弱い人々、最も大事な国家の施設が攻撃目標となります。工業都市や政治の中心を徹底的にやるのです。でありますから老若男女、山川草木、豚も鶏も同じにやられるのです。かくて空軍による真に徹底した殲滅戦争となります。国民はこの惨状に堪え得る鉄石の意志を鍛錬しなければなりません。また今日の建築は危険極まりないことは周知の事実であります。国民の徹底した自覚により国家は遅くも二十年を目途とし、主要都市の根本的防空対策を断行すべきことを強く提案致します。官憲の大整理、都市に於ける中等学校以上の全廃（教育制度の根本革新）、工業の地方分散等により都市人口の大整理を行ない、必要な部分は市街の大改築を強行せねばなりません。

今日のように陸海軍などが存在しているあいだは、最後の決戦戦争にはならないのです。それ動員だ、輸送だなどと間ぬるいことではダメであります。軍艦のように太平洋をのろのろと十日も二十日もかかっては問題になりません。それかと言って今の空軍ではとてもダメです。また仮に飛行機の発達により今、ドイツがロンドンを大空襲して空中戦で戦争の決をつけ得るとしても、恐らくドイツとロシヤの間では困難であります。ロシヤと日本の間もまた困難。更に太平洋をへだてたところの日本とアメリカが飛行機で決戦するのはまだまだ遠い先のことであります。一番遠い太平洋を挟んで空軍による決戦の行なわれる時が、人類最後の一大決勝戦の時であります。即ち無着陸で世界をぐるぐる廻れるような飛行機ができる時代であります。それから破壊の兵器も今度の欧州大戦で使っているようなものでは、まだ問題になりません。もっと徹底的な、一発あると何万人もがペチャンコにやられるところの、私どもには想像もされないような大威力のものができねばなりません。

飛行機は無着陸で世界をグルグル廻る。しかも破壊兵器は最も新鋭なもの、例えば今日戦争になって次の朝、夜が明けて見ると敵国の首府や主要都市は徹底的に破壊されている。その代り大阪も、東京も、北京も、上海も、廃墟になっておりましょう。すべてが吹き飛んでしまう……。それぐらいの破壊力のものであろうと思います。そうなると戦争は短期間に終る。それ精神総動員だ、総力戦だなどと騒いでいる間は最終戦争は来ない。そんななまぬるいのは持久戦争時代のことで、決戦戦争では問題にならない。この次の決戦戦争では降ると見て笠取るひまもなくやっつけてしまうのです。このような決戦兵器を創造して、この惨状にどこまでも堪え得る者が最後の優者であります。

第三章　世界の統一

西洋歴史を大観すれば、古代は国家の対立からローマが統一したのであります。それから中世はそれをキリスト教の坊さんが引受けて、彼らが威力を失いますと、次には新しい国家が発生してまいりました。国家主義がだんだん発展して来て、フランス革命のときは一時、世界主義が唱導されました。ゲーテやナポレオンは本当に世界主義を理想としたのでありますが、結局それは目的を達しないで、国家主義の全盛時代になって第一次欧州戦争を迎えました。

欧州戦争の深刻な破壊の体験によって、再び世界主義である国際連盟の実験が行なわれることとなりました。けれども急に理想までは達しかねて、国際連盟は空文になったのです。しかし世界は欧州戦争前の国家主義全盛の時代までは逆転しないで、国家連合の時代になったと私どもは言っているのであります。大体、世界は四つになるようであります。

第一はソビエト連邦。これは社会主義国家の連合体であります。マルクス主義に対する世界の魅力は失われましたが、二十年来の経験に基づき、特に第二次欧州戦争に乗じ、独特の活躍をなしつつあるソ連の実力は絶対に軽視できません。第二は米州であります。合衆国を中心とし、南北アメリカを一体にしようとしつつあります。中南米の民族的関係もあり、合衆国よりもむしろヨーロッパ方面と経済上の関係が濃厚な南米の諸国に於ては、合衆国を中心とする米州の連合に反対する運動は相当強いのですけれども、しかし大勢は着々として米州の連合に進んでおります。

次にヨーロッパです。第一次欧州戦争の結果たるベルサイユ体制は、反動的で非常に無理があったものですから遂に今日の破局を来たしました。今度の戦争が起ると、「われわれは戦争に勝ったならば断じてベルサイユの体制に還すのではない。ナチは打倒しなければならぬ。ああいう独裁者は人類の平和のために打倒して、われわれの方針である自由主義の信条に基づく新しいヨーロッパの連合体制を採ろう」というのが、英国の知識階級の世論だと言われております。ドイツ側はどうでありましたか。たしか去年の秋のことでした。トルコ駐在のドイツ大使フォン・パーペンがドイツに帰る途中、イスタンブールで新聞記者にドイツの戦争目的如何という質問を受けた。ナチでないのでありますから、比較的慎重な態度を採らなければならぬパーペンが、言下に「ドイツが勝ったならばヨーロッパ連盟を作るのだ」と申しました。ナチスの世界観である「運命協同体」を指導原理とするヨーロッパ連盟を作るのが、ヒットラーの理想であるだろうと思います。フランスの屈伏後に於けるドイツの態度から見ても、このことは間違いないと信ぜられます。第一次欧州戦争が終りましてから、オーストリアのクーデンホーフが汎ヨーロッパということを唱導しまして、フランスのブリアン、ドイツのストレーゼマンという政治家も、その実現に熱意を見せたのでありますが、とうとうそこまで行かないでウヤムヤになったのです。今度の大破局に当ってヨーロッパの連合体を作るということが、再びヨーロッパ人の真剣な気持になりつつあるものと思われます。

最後に東亜であります。目下、日本と支那は東洋では未だかつてなかった大戦争を継続しております。しかしこの戦争も結局は日支両国が本当に提携するための悩みなのです。日本はおぼろ気ながら近衛声明以来それを認識しております。近衛声明以来ではありません。開戦当初から聖戦と唱えられたのがそれであります。如何なる犠牲を払っても、われわれは代償を求めるのではない、本当に日支の新しい提携の方針を確立すればそれでよろしいということは、今や日本の信念になりつつあります。明治維新後、民族国家を完成しようとして、他民族を軽視する傾向を強めたことは否定できません。台湾、朝鮮、満州、支那に於て遺憾ながら他民族の心をつかみ得なかった最大原因は、ここにあることを深く反省するのが事変処理、昭和維新、東亜連盟結成の基礎条件であります。中華民国でも三民主義の民族主義は孫文時代のままではなく、今度の事変を契機として新しい世界の趨勢に即応したものに進展することを信ずるものであります。今日の世界的形勢に於て、科学文明に立ち遅れた東亜の諸民族が西洋人と太刀打ちしようとするならば、われわれは精神力、道義力によって提携するのが最も重要な点でありますから、聡明な日本民族も漢民族も、もう間もなく大勢を達観して、心から諒解するようになるだろうと思います。

もう一つ大英帝国というブロックが現実にはあるのであります。カナダ、アフリカ、インド、オーストラリア、南洋の広い地域を支配しています。しかし私は、これは問題にならないと見ております。あれは十九世紀で終ったのです。強大な実力を有する国家がヨーロッパにしかない時代に、英国は制海権を確保してヨーロッパから植民地に行く道を独占し、更にヨーロッパの強国同士を絶えず喧嘩させて、自分の安全性を高めて世界を支配していたのです。

ところが十九世紀の末から既に大英帝国の鼎《かなえ》の軽重は問われつつあった。殊にドイツが大海軍の建設をはじめただけでなく、三B政策によって陸路ベルリンからバグダッド、エジプトの方に進んで行こうとするに至って、英国は制海権のみによってはドイツを屈伏させることが怪しくなって来たのです。それが第一次欧州大戦の根本原因であります。幸いにドイツをやっつけました。数百年前、世界政策に乗り出して以来、スペイン、ポルトガル、オランダを破り、次いでナポレオンを中心とするフランスに打ち克って、一世紀の間、世界の覇者となっていた英国は、最後にドイツ民族との決勝戦を迎えたのであります。

英国は第一次欧州戦争の勝利により、欧州諸国家の争覇戦に於ける全勝の名誉を獲得しました。しかしこの名誉を得たときが実は、おしまいであったのです。まあ、やれやれと思ったときに東洋の一角では日本が相当なものになってしまった。それから合衆国が新大陸に威張っている。もう今日は英帝国の領土は日本やアメリカの自己抑制のおかげで保持しているのです。英国自身の実力によって保持しているのではありません。

カナダをはじめ南北アメリカの英国の領土は、合衆国の力に対して絶対に保持できません。シンガポール以東、オーストラリアや南洋は、英国の力をもってしては、日本の威力に対して断じて保持できない。インドでもソビエトか日本の力が英国の力以上であります。本当に英国の、いわゆる無敵海軍をもって確保できるのは、せいぜいアフリカの植民地だけです。大英帝国はもうベルギー、オランダなみに歴史的惰性と外交的駆引によって、自分の領土を保持しているところの老獪極まる古狸でございます。二十世紀の前半期は英帝国の崩壊史だろうと私どもも言っておったのですが、今次欧州大戦では、驚異的に復興したドイツのために、その本幹に電撃を与えられ、大英帝国もいよいよ歴史的存在となりつつあります。

この国家連合の時代には、英帝国のような分散した状態ではいけないので、どうしても地域的に相接触したものが一つの連合体になることが、世界歴史の運命だと考えます。

そして私は第一次欧州大戦以後の国家連合の時代は、この次の最終戦争のための準決勝戦時代だと観察しているのであります。先に話しました四つの集団が第二次欧州大戦以後は恐らく日、独、伊即ち東亜と欧州の連合と米州との対立となり、ソ連は巧みに両者の間に立ちつつも、大体は米州に多く傾くように判断されますが、われわれの常識から見れば結局、二つの代表的勢力となるものと考えられるのであります。どれが準決勝で優勝戦に残るかと言えば、私の想像では東亜と米州だろうと思います。

人類の歴史を、学問的ではありませんが、しろうと考えで考えて見ると、アジアの西部地方に起った人類の文明が東西両方に分かれて進み、数千年後に太平洋という世界最大の海を境にして今、顔を合わせたのです。この二つが最後の決勝戦をやる運命にあるのではないでしょうか。軍事的にも最も決勝戦争の困難なのは太平洋を挟んだ両集団でありります。軍事的見地から言っても、恐らくこの二つの集団が準決勝に残るのではないかと私は考えます。

そういう見当で想像して見ますと、ソ連は非常に勉強して、自由主義から統制主義に飛躍する時代に、率先して幾多の犠牲を払い幾百万の血を流して、今でも国民に驚くべき大犠牲を強制しつつ、スターリンは全力を尽しておりますけれども、どうもこれは瀬戸物のようではないか。堅いけれども落とすと割れそうだ。スターリンに、もしものことがあるならば、内部から崩壊してしまうのではなかろうか。非常にお気の毒ではありますけれども。

それからヨーロッパの組はドイツ、イギリス、それにフランスなど、みな相当なものです。とにかく偉い民族の集まりです。しかし偉くても場所が悪い。確かに偉いけれどもそれが隣り合わせている。いくら運命協同体を作ろう、自由主義連合体を作ろうと言ったところで、考えはよろしいが、どうも喧嘩はヨーロッパが本家本元であります。その本能が何と言っても承知しない、なぐり合いを始める。因業な話で共倒れになるのじゃないか。ヒットラー統率の下に有史以来未曾有の大活躍をしている友邦ドイツに対しては、誠に失礼な言い方と思いますが、何となくこのように考えられます。ヨーロッパ諸民族は特に反省することが肝要と思います。そうなって来ると、どうも、ぐうたらのような東亜のわれわれの組と、それから成金のようでキザだけれども若々しい米州、この二つが大体、決勝に残るのではないか。この両者が太平洋を挟んだ人類の最後の大決戦、極端な大戦争をやります。その戦争は長くは続きません。至短期間でバタバタと片が付く。そうして天皇が世界の天皇で在らせらるべきものか、アメリカの大統領が世界を統制すべきものかという人類の最も重大な運命が決定するであろうと思うのであります。即ち東洋の王道と西洋の覇道の、いずれが世界統一の指導原理たるべきかが決定するのであります。

悠久の昔から東方道義の道統を伝持遊ばされた天皇が、間もなく東亜連盟の盟主、次いで世界の天皇と仰がれることは、われわれの堅い信仰であります。今日、特に日本人に注意して頂きたいのは、日本の国力が増進するにつれ、国民は特に謙譲の徳を守り、最大の犠牲を甘受して、東亜諸民族が心から天皇の御位置を信仰するに至ることを妨げぬよう心掛けねばならぬことであります。天皇が東亜諸民族から盟主と仰がれる日こそ、即ち東亜連盟が真に完成した日であります。しかし八紘一宇の御精神を拝すれば、天皇が東亜連盟の盟主、世界の天皇と仰がれるに至っても日本国は盟主ではありません。

しからば最終戦争はいつ来るか。これも、まあ占いのようなもので科学的だとは申しませんが、全くの空想でもありません。再三申しました通り、西洋の歴史を見ますと、戦争術の大きな変転の時期が、同時に一般の文化史の重大な変化の時期であります。この見地に立って年数を考えますと、中世は約一千年くらい、それに続いてルネッサンスからフランス革命までは、まあ三百年乃至四百年。これも見方によって色々の説もありましょうが、大体こういう見当になります。フランス革命から第一次欧州戦争までは明確に百二十五年であります。千年、三百年、百二十五年から推して、第一次欧州戦争の初めから次の最終戦争の時期までどのくらいと考えるべきであるか。千年、三百年、百二十五年の割合から言うと今度はどのくらいの見当だろうか。多くの人に聞いて見ると大体の結論は五十年内外だろうということになったのであります。これは余り短いから、なるべく長くしたい気分になり、最初は七十年とか言いましたけれども結局、極く長く見て五十年内だろうと判断せざるを得なくなったのであります。

ところが第一次欧州戦争勃発の一九一四年から二十数年経過しております。今日から二十数年、まあ三十年内外で次の決戦戦争、即ち最終戦争の時期に入るだろう、ということになります。余りに短いようでありますが、考えてご覧なさい。飛行機が発明されて三十何年、本当の飛行機らしくなってから二十年内外、しかも飛躍的進歩は、ここ数年であります。文明の急激な進歩は全く未曾有の勢いであり、今日までの常識で将来を推しはかるべきでないことを深く考えなければなりません。

今年はアメリカの旅客機が亜成層圏を飛ぶというのであります。成層圏の征服も間もなく実現することと信じます。科学の進歩から、どんな恐ろしい新兵器が出ないとも言えません。この見地から、この三十年は最大の緊張をもって挙国一致、いな東亜数億の人々が一団となって最大の能力を発揮しなければなりません。

この最終戦争の期間はどのくらい続くだろうか。これはまた更に空想が大きくなるのでありますが、例えば東亜と米州とで決戦をやると仮定すれば、始まったら極めて短期間で片付きます。しかし準決勝で両集団が残ったのでありますが、他にまだ沢山の相当な国々があるのですから、本当に余震が鎮静して戦争がなくなり人類の前史が終るまで、即ち最終戦争の時代は二十年見当であろう。言い換えれば今から三十年内外で人類の最後の決勝戦の時期に入り、五十年以内に世界が一つになるだろう。こういうふうに私は算盤を弾いた次第であります。

第四章　昭和維新

フランス革命は持久戦争から決戦戦争、横隊戦術から散兵戦術に変る大きな変革でありました。日本では、ちょうど明治維新時代がそれであります。第一次欧州大戦によって決戦戦争から持久戦争、散兵戦術から戦闘群の戦術に変化し、今日はフランス革命以後最大の革新時代に入り、現に革新が進行中であります。即ち昭和維新であります。第二次欧州大戦で新しい時代が来たように考える人が多いのですが、私は第一次欧州大戦によって展開された自由主義から統制主義への革新、即ち昭和維新の急進展と見るのであります。

昭和維新は日本だけの問題ではありません。本当に東亜の諸民族の力を総合的に発揮して、西洋文明の代表者と決勝戦を交える準備を完了するのであります。明治維新の眼目が王政復古にあったが如く、廃藩置県にあった如く、昭和維新の政治的眼目は東亜連盟の結成にある。満州事変によってその原則は発見され、今日ようやく国家の方針となろうとしています。

東亜連盟の結成を中心問題とする昭和維新のためには二つのことが大事であります（左図参照）。第一は東洋民族の新しい道徳の創造であります。ちょうど、われわれが明治維新で藩侯に対する忠誠から天皇に対する忠誠に立ち返った如く、東亜連盟を結成するためには民族の闘争、東亜諸国の対立から民族の協和、東亜の諸国家の本当の結合という新しい道徳を生み出して行かなければならないのであります。その中核の問題は満州建国の精神である民族協和の実現にあります。この精神、この気持が最も大切であります。第二に、われわれの相手になるものに劣らぬ物質力を作り上げなければならないのです。この立ち後れた東亜がヨーロッパまたは米州の生産力以上の生産力を持たなければならない。

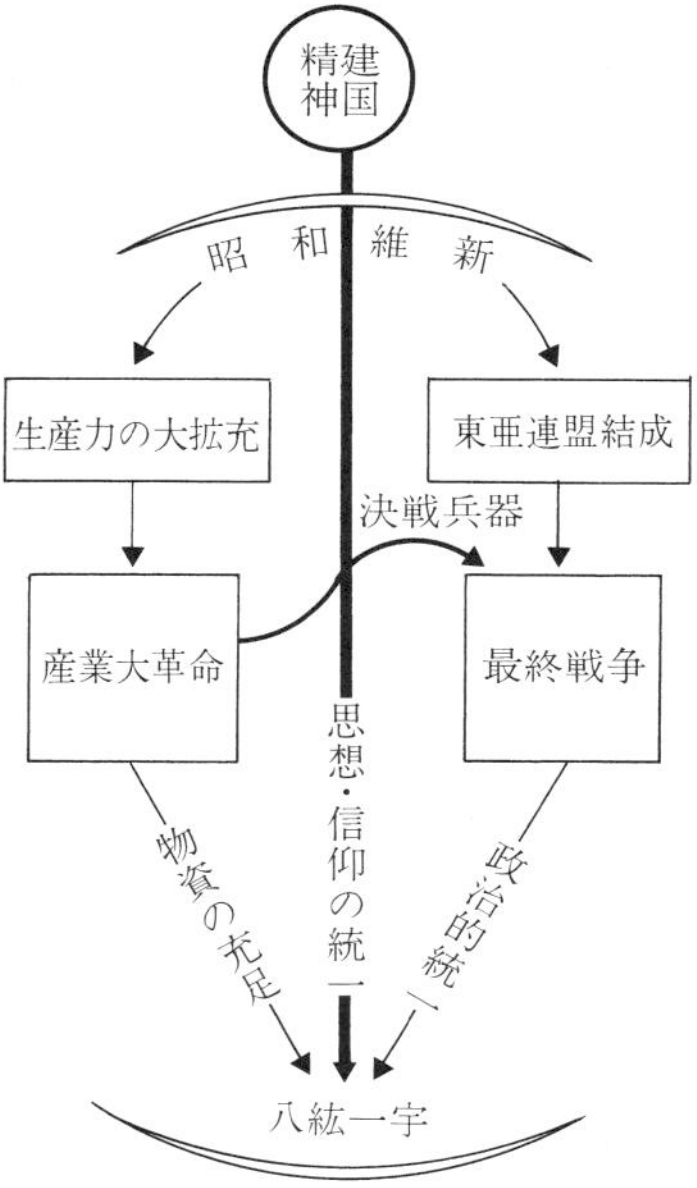

以上の見地からすれば、現代の国策は東亜連盟の結成と生産力大拡充という二つが重要な問題をなしております。科学文明の後進者であるわれわれが、この偉

大な生産力の大拡充を強行するためには、普通の通り一遍の方式ではダメです。何とかして西洋人の及ばぬ大きな産業能力を発揮しなければならないのであります。

このごろ亀井貫一郎氏の『ナチス国防経済論』という書物を読んで非常に心を打たれました。ドイツは原料が足りない。ドイツがベルサイユ体制でいじめられて、いじめ抜かれたことが、ドイツを本当に奮発させまして、二十年この方、特に十年この方、ドイツには第二産業革命が発生していると言うのです。

私には、よくは理屈が判りませんが、要するに常温常圧の工業から高温高圧工業に、電気化学工業に変遷をして来る、そうして今までの原料の束縛からまぬがれてあらゆる物が容易に生産されるに至る驚くべき第二産業革命が今、進行しているのであります。それに対する確信があってこそ今度ドイツが大戦争に突進できたのであろうと思います。われわれは非常に科学文明で遅れております。しかし頭は良いのです。皆さんを見ると、みな秀才のような顔をしております。断然われわれの全知能を総動員してドイツの科学の進歩、産業の発達を追い越して最新の科学、最優秀の産業力を迅速に獲得しなくてはならないのであります。これが、われわれの国策の最重要条件でなければなりません。ドイツに先んじて、むろんアメリカに先んじて、われわれの産業大革命を強行するのであります。

この産業大革命は二つの方向に作用を及ぼすと思う。一つは破壊的であります。一つは建設的であります。破壊的とは何かと言うと、われわれはもう既に三十年後の世界最後の決勝戦に向っているのでありますが、今持っているピーピーの飛行機では問題にならない。自由に成層圏にも行動し得るすばらしい航空機が速やかに造られなければなりません。また一挙に敵に殲滅的打撃を与える決戦兵器ができなければなりません。この産業革命によって、ドイツの今度の新兵器なんか比較にならない驚くべき決戦兵器が生産されるべきで、それによって初めて三十年後の決勝戦に必勝の態勢を整え得るのであります。ドイツが本当に戦争の準備をして数年にしかなりません。皆さんに二十年の時間を与えます。十分でしょう、いや余り過ぎて困るではありませんか。

もう一つは建設方面であります。破壊も単純な破壊ではありません。最後の大決勝戦で世界の人口は半分になるかも知れないが、世界は政治的に一つになる。これは大きく見ると建設的であります。同時に産業革命の美しい建設の方面は、原料の束縛から離れて必要資材をどんどん造ることであります。われわれにとって最も大事な水や空気は喧嘩の種になりません。ふんだんにありますから。水喧嘩は時々ありますが、空気喧嘩をしてなぐり合ったということは、まず無いのです。必要なものは何でも、驚くべき産業革命でどしどし造ります。持たざる国と持てる国の区別がなくなり、必要なものは何でもできることになるのです。

しかしこの大事業を貫くものは建国の精神、日本国体の精神による信仰の統一であります。政治的に世界が一つになり、思想信仰が統一され、この和やかな正しい精神生活をするための必要な物資を、喧嘩してまで争わなければならないことがなくなります。そこで真の世界の統一、即ち八紘一宇が初めて実現するであろうと考える次第であります。もう病気はなくなります。今の医術はまだ極めて能力が低いのですが、本当の科学の進歩は病気をなくして不老不死の夢を実現するでしょう。

それで東亜連盟協会の「昭和維新論」には、昭和維新の目標として、約三十年内外に決勝戦が起きる予想の下に、二十年を目標にして東亜連盟の生産能力を西洋文明を代表するものに匹敵するものにしなければならないと言って、これを経済建設の目標にしているのであります。その見地から、ある権威者が米州の二十年後の生産能力の検討をして見たところによりますと、それは驚くべき数量に達するのであります。詳しい数は記憶しておりませんが、大体の見当は鋼や油は年額数億トン、石炭に至っては数十億トンを必要とすることとなり、とても今のような地下資源を使ってやるところの文明の方式では、二十年後には完全に行き詰まります。この見地からも産業革命は間もなく不可避であり、「人類の前史将に終らんとす」るという観察は極めて合理的であると思われるのであります。

第五章　仏教の予言

今度は少し方面を変えまして宗教上から見た見解を一つお話したいと思います。非科学的な予言への、われわれのあこがれが宗教の大きな問題であります。しかし人間は科学的判断、つまり理性のみを以てしては満足安心のできないものがあって、そこに予言や見通しに対する強いあこがれがあるのであります。今の日本国民は、この時局をどういうふうにして解決するか、見通しが欲しいのです。予言が欲しいのです。ヒットラーが天下を取りました。それを可能にしたのはヒットラーの見通しであります。第一次欧州戦争の結果、全く行き詰まってしまったドイツでは、何ぴともあの苦境を脱する着想が考えられなかったときに、彼はベルサイユ条約を打倒して必ず民族の復興を果し得る信念を懐いたのです。大切なのはヒットラーの見通しであります。最初は狂人扱いをされましたが、その見通しが数年の間に、どうも本当でありそうだと国民が考えたときに、ヒットラーに対する信頼が生まれ、今日の状態に持って来たのであります。私は宗教の最も大切なことは予言であると思います。

仏教、特に日蓮聖人の宗教が、予言の点から見て最も雄大で精密を極めたものであろうと考えます。空を見ると、たくさんの星があります。仏教から言えば、あれがみんな一つの世界であります。その中には、どれか知れませんが西方極楽浄土というよい世界があります。もっとよいのがあるかも知れません。その世界には必ず仏様が一人おられて、その世界を支配しております。その仏様には支配の年代があるのです。例えば地球では今は、お釈迦様の時代です。しかしお釈迦様は未来永劫この世界を支配するのではありません。次の後継者をちゃんと予定している。弥勒菩薩という御方が出て来るのだそうです。そうして仏様の時代を正法《しょうほう》・像法《ぞうほう》・末法《まっぽう》の三つに分けます。正法と申しますのは仏の教えが最も純粋に行なわれる時代で、像法は大体それに似通った時代です。末法というのは読んで字の通りであります。それで、お釈迦様の年代は、いろいろ異論もあるそうでございますが、多く信ぜられているのは正法千年、像法千年、末法万年、合計一万二千年であります（五五頁の表参照）。

ところが大集経《だいしっきょう》というお経には更にその最初の二千五百年の詳細な予言があるのです。仏滅後（お釈迦様が亡くなってから後）の最初の五百年が解脱《げだつ》の時代で、仏様の教えを守ると神通力が得られて、霊界の事柄がよくわかるようになる時代であります。人間が純朴で直感力が鋭い、よい時代であります。大乗経典はお釈迦様が書いたものでない。お釈迦様が亡くなられてから最初の五百年、即ち解脱の時代にいろいろな人によって書かれたものです。私はそれを不思議に思うのです。長い年月かかって多くの人が書いたお経に大きな矛盾がなく、一つの体系を持っているということは、霊界に於て相通ずるものがあるから可能になったのだろうと思います。大乗仏教は仏の説でないとて大

正　法		像　法		末　法	
千　年		千　年		万　年	
五百年	五百年	五百年	五百年	五百年	
解脱堅固	禅定堅固	読誦多聞堅固	多造塔寺堅固	闘諍堅固	
		仏滅一〇一六年、仏教支那に入る 仏滅一四七七年、天台生る	仏滅一五〇一年、仏教日本に入る	仏滅二〇三〇年、延暦寺の僧三井寺を焚く 仏滅二一七一年、日蓮生る	仏滅二五三一年、織田信長死す

乗経を軽視する人もありますが、大乗経典が仏説でないことが却《かえ》って仏教の霊妙不可思議を示すものと考えられます。

その次の五百年は禅定《ぜんじょう》の時代で、解脱の時代ほど人間が素直でなくなりますから、座禅によって悟りを開く時代であります。以上の千年が正法です。正法千年には、仏教が冥想の国インドで普及し、インドの人間を救ったのであります。

その次の像法の最初の五百年は読誦多聞《どくじゅたもん》の時代であります。教学の時代であります。仏典を研究し仏教の理論を研究して安心を得ようとしたのであります。瞑想の国インドから組織の国、理論の国、支那に来たのはこの像法の初め、教学時代の初めなのです。インドで雑然と説かれた万巻のお経を、支那人の大陸的な根気によって何回も何回も読みこなして、それに一つの体系を与えました。その最高の仕事をしたのが天台大師であります。天台大師はこの教学の時代に生まれた人です。天台大師が立てた仏教の組織は、現在でも多くの宗派の間で余り大きな異存はないのです。

その次の像法の後の五百年は多造塔寺《たぞうとうじ》の時代、即ちお寺をたくさん造った時代、つまり立派なお寺を建て、すばらしい仏像を本尊とし、名香を薫じ、それに綺麗な声でお経を読む。そういう仏教芸術の力によって満足を得て行こうとした時代であります。この時代になると仏教は実行の国日本に入って来ました。奈良朝・平安朝初期の優れた仏教芸術は、この時に生まれたのであります。

次の五百年、即ち末法最初の五百年は闘諍《とうじょう》時代であります。この時代になると闘争が盛んになって普通の仏教の力はもうなくなってしまうと、お釈迦様が予言しています。末法に入ると、叡山の坊さんは、ねじり鉢巻で山を降りて来て三井寺を焼打ちにし、遂には山王様のお神輿をかついで都に乱入するまでになりました。説教すべき坊さんが拳骨を振るう時代になって来たのであります。予言の通りです。仏教では仏は自分の時代に現われる、あらゆる思想を説き、その教えの広まって行く経過を予言していなければならないのでありますが、一万年のお釈迦様が二千五百年でゴマ化しているのです。自分の教えは、この二千五百年でもうダメになってしまうという無責任なことを言って、大集経の予言は終っているのです。

ところで、天台大師が仏教の最高経典であると言う法華経では、仏はその闘争の時代に自分の使を出す、節刀将軍を出す、その使者はこれこれのことを履《ふ》み行ない、こういう教えを広めて、それが末法の長い時代を指導するのだ、と予言しているのであります。言い換えれば仏滅から数えて二千年前後の末法では世の中がひどく複雑になるので、今から一々言っておいても分からないから、その時になったら自分が節刀将軍を出すから、その命令に服従しろ、と言って、お釈迦様は亡くなっているのです。末法に入ってから二百二十年ばかり過ぎたときに仏の予言によって日本に、しかもそれが承久の乱、即ち日本が未曾有の国体の大難に際会したときに、お母さんの胎内に受胎された日蓮聖人が、承久の乱に疑問を懐きまして仏道に入り、ご自分が法華経で予言された本化《ほんげ》上行《じょうぎょう》菩薩であるという自覚に達し、法華経に従ってその行動を律せられ、お経に述べてある予言を全部自分の身に現わされた。そして内乱と外患があるという、ご自身の予言が日本の内乱と蒙古の襲来によって的中したのであります。それで、その予言が実現するに従って逐次、ご自分の仏教上に於ける位置を明らかにし、予言の的中が全部終った後、みずから末法に遣わされた釈尊の使者本化上行だという自覚を公表せられ、日本の大国難である弘安の役の終った翌年に亡くなられました。

そして日蓮聖人は将来に対する重大な予言をしております。日本を中心として世界に未曾有の大戦争が必ず起る。そのときに本化上行が再び世の中に出て来られ、本門の戒壇を日本国に建て、日本の国体を中心とする世界統一が実現するのだ。こういう予言をして亡くなられたのであります。

ここで、仏教教学について素人の身としては甚だ僭越でありますが、私の信ずるところを述べさせていただきたいと存じます。日蓮聖人の教義は本門の題目、本門の本尊、本門の戒壇の三つであります。題目は真っ先に現わされ、本尊は佐渡に流されて現わし、戒壇のことは身延でちょっと言われたが、時がまだ来ていない、時を待つべきであると言って亡くなられました。と申しますのは、戒壇は日本が世界的な地位を占めるときになって初めて必要な問題でありまして、足利時代や徳川時代には、まだ時が来ていなかったのです。それで明治時代になりまして日本の国体が世界的意義を持ちだしたときに、昨年亡くなられた田中智学先生が生まれて来まして、日蓮聖人の宗教の組織を完成し、特に本門戒壇論、即ち日本国体論を明らかにしました。それで日蓮聖人の教え即ち仏教は、明治の御代になって田中智学先生によって初めて全面的に、組織的に明らかにされたのであります。

　ところが不思議なことには、日蓮聖人の教義が全面的に明らかになったときに大きな問題が起きて来たのです。仏教徒の中に仏滅の年代に対する疑問が出て来たのであります。これは大変なことで、日蓮聖人は末法の初めに生まれて来なければならないのに、最近の歴史的研究では像法に生まれたらしい。そうすると日蓮聖人は予言された人でないということになります。日蓮聖人の宗教が成り立つか否かという大問題が出現したというのに、日蓮聖人の門下は、歴史が曖昧で判らない、どれが本当か判らないと言って、みずから慰めています。そういう信者は結構でしょう。そうでない人は信用しない。一天四海皆帰妙法は夢となります。

　この重大問題を日蓮聖人の信者は曖昧にして過ごしているのです。観心本尊鈔に「当ニ知ルベシ此ノ四菩薩、折伏《シャクブク》ヲ現ズル時ハ賢王ト成ツテ愚王ヲ誡責《カイシャク》シ、摂受《ショウジュ》ヲ行ズル時ハ僧ト成ツテ正法ヲ弘持《グジ》ス」とあります。この二回の出現は経文の示すところによるも、共に末法の最初の五百年であると考えられます。そして摂受を行ずる場合の闘争は主として仏教内の争いと解すべきであります。明治の時代までは仏教徒全部が、日蓮聖人の生まれた時代は末法の初めの五百年だと信じていました。その時代に日蓮聖人が、いまだ像法だと言ったって通用しない。末法の初めとして行動されたのは当然でありま す。仏教徒が信じていた年代の計算によりますと、末法の最初の五百年は大体、叡山の坊さんが乱暴し始めた頃から信長の頃まででであります。信長が法華や門徒を虐殺しましたが、あの時代は坊さん連中が暴力を揮った最後ですから、大体、仏の予言が的中したわけであります。

折伏を現ずる場合の闘争は、世界の全面的戦争であるべきだと思います。この問題に関連して、今は仏滅後何年であるかを考えて見なければなりません。歴史学者の間ではむずかしい議論もあるらしいのですが、まず常識的に信じられている仏滅後二千四百三十年見当という見解をとって見ます。そうすると末法の初めは、西洋人がアメリカを発見しインドにやって来たとき、即ち東西両文明の争いが始まりかけたときです。その後、東西両文明の争いがだんだん深刻化して、正にそれが最後の世界的決勝戦になろうとしているのであります。

明治の御世、即ち日蓮聖人の教義の全部が現われ了ったときに、初めて年代の疑問が起きて来たことは、仏様の神通力だろうと信じます。末法の最初の五百年を巧みに二つに使い分けをされたので、世界の統一は本当の歴史上の仏滅後二千五百年に終了すべきものであろうと私は信ずるのであります。そうなって参りますと、仏教の考える世界統一までは約六、七十年を残されているわけであります。私は戦争の方では今から五十年と申しましたが、不思議に大体、似たことになっております。あれだけ予言を重んじた日蓮聖人が、世界の大戦争があって世界は統一され本門戒壇が建つという予言をしておられるのに、それが何時来るという予言はやっていないのです。それでは無責任と申さねばなりません。けれども、これは予言の必要がなかったのです。ちゃんと判っているのです。仏の神通力によって現われるときを待っていたのです。そうでなかったら、日蓮聖人は何時だという予言をしておられるべきものだと信ずるのであります。

この見解に対して法華の専門家は、それは素人のいい加減なこじつけだと言われるだろうかと存じますが、私の最も力強く感ずることは、日蓮聖人以後の第一人者である田中智学先生が、大正七年のある講演で「一天四海皆帰妙法は四十八年間に成就し得るという算盤を弾いている」（師子王全集・教義篇第一輯三六七頁）と述べていることです。どういう算盤を弾かれたか述べてありませんが、大正八年から四十八年くらいで世界が統一されると言っております。天台大師が日蓮聖人の教えを準備された如く、田中先生は時来たって日蓮聖人の教義を全面的に発表した――即ち日蓮聖人の教えを完成したところの予定された人でありますから、この一語は非常な力を持っていると信じます。

また日蓮聖人は、インドから渡来して来た日本の仏法はインドに帰って行き、永く末法の闇を照らすべきものだと予言しています。日本山妙法寺の藤井行勝師がこの予言を実現すべくインドに行って太鼓をたたいているところに支那事変が勃発しました。英国の宣伝が盛んで、日本が苦戦して危いという印象をインド人が受けたのです。そこで藤井行勝師と親交のあったインドの「耶羅陀耶」という坊さんが「日本が負けると大変だ。自分が感得している仏舎利があるから、それを日本に納めて貰いたい」と行勝師に頼みました。行勝師は一昨年帰って来てそれを陸海軍に納めたのであります。行勝師の話によると、セイロン島の仏教徒は、やはり仏滅後二千五百年に仏教国の王者によって世界が統一されるという予言を堅く信じているそうで、その年代はセイロンの計算では間もなく来るのであります。

第六章　結び

今までお話して来たことを総合的に考えますと、軍事的に見ましても、政治史の大勢から見ましても、また科学、産業の進歩から見ましても、信仰の上から見ましても、人類の前史は将に終ろうとしていることは確実であり、その年代は数十年後に切迫していると見なければならないと思うのであります。今は人類の歴史で空前絶後の重大な時期であります。

世の中には、この支那事変を非常時と思って、これが終れば和やかな時代が来ると考えている人が今日もまだ相当にあるようです。そんな小っぽけな変革ではありません。昔は革命と革命との間には相当に長い非非常時、即ち常時があったのです。フランス革命から第一次欧州大戦の間も、一時はかなり世の中が和やかでありました。第一次欧州大戦以後の革命時は、まだ安定しておりません。しかしこの革命が終ると引きつづき次の大変局、即ち人類の最後の大決勝戦が来る。今日の非常時は次の超非常時と隣り合わせであります。今後数十年の間は人類の歴史が根本的に変化するところの最も重大な時期であります。この事を国民が認識すれば、余りむずかしい方法を用いなくても自然に精神総動員はできると私は考えます。東亜が仮に準決勝に残り得るとして誰と戦うか。私は先に米州じゃないかと想像しました。しかし、よく皆さんに了解して戴きたいことがあるのです。今は国と国との戦争は多く自分の国の利益のために戦うものと思っております。今日、日本とアメリカは睨み合いであります。あるいは戦争になるかも知れません。かれらから見れば蘭印を日本に独占されては困ると考え、日本から言えば何だアメリカは自分勝手のモンロー主義を振り廻しながら東亜の安定に口を入れるとは怪しからぬというわけで、多くは利害関係の戦争でありましょう。私はそんな戦争を、かれこれ言っているのでありません。世界の決勝戦というのは、そんな利害だけの問題ではないのです。世界人類の本当に長い間の共通のあこがれであった世界の統一、永遠の平和を達成するには、なるべく戦争などという乱暴な、残忍なことをしないで、刃《やいば》に衅《ちぬ》らずして、そういう時代の招来されることを熱望するのであり、それが、われわれの日夜の祈りであります。しかしどうも遺憾ながら人間は、あまりに不完全です。理屈のやり合いや道徳談義だけでは、この大事業は、やれないらしいのです。世界に残された最後の選手権を持つ者が、最も真面目に最も真剣に戦って、その勝負によって初めて世界統一の指導原理が確立されるでしょう。だから数十年後に迎えなければならないと私たちが考えている戦争は、全人類の永遠の平和を実現するための、やむを得ない大犠牲であります。

われわれが仮にヨーロッパの組とか、あるいは米州の組と決勝戦をやることになっても、断じて、かれらを憎み、かれらと利害を争うのでありません。恐るべき惨虐行為が行なわれるのですが、根本の精神は武道大会に両方の選士が出て来て一生懸命にやるのと同じことであります。人類文明の帰着点は、われわれが全能力を発揮して正しく堂々と争うことによって、神の審判を受けるのです。

東洋人、特に日本人としては絶えずこの気持を正しく持ち、いやしくも敵を侮辱するとか、敵を憎むとかいうことは絶対にやるべからざることで、敵を十分に尊敬し敬意を持って堂々と戦わなければなりません。

ある人がこう言うのです。君の言うことは本当らしい、本当らしいから余り言いふらすな、向こうが準備するからコッソリやれと。これでは東亜の男子、日本男子ではない。東方道義ではない。断じて皇道ではありません。よろしい、準備をさせよう、向こうも十分に準備をやれ、こっちも準備をやり、堂々たる戦いをやらなければならぬ。こう思うのであります。

しかし断わって置かなければならないのは、こういう時代の大きな意義を一日でも早く達観し得る聡明な民族、聡明な国民が結局、世界の優者たるべき本質を持っているということです。その見地から私は、昭和維新の大目的を達成するために、この大きな時代の精神を一日も速やかに全日本国民と全東亜民族に了解させることが、私たちの最も大事な仕事であると確信するものであります。

付表　戦争進化景況一覧表

時代		戦争の性質	兵制	戦闘 隊形		戦闘 指揮単位	戦闘 指導精神	年数	政治史の大勢
古代		決戦戦争	国民皆兵	方陣	点	大隊			国家の対立より統一へ
中世								1000	宗教支配
近代	火器使用以後	持久戦争	傭兵	横隊	実線	中隊	専制	300乃至400	新国家の発展
近代	仏国革命以後	決戦戦争	国民皆兵	散兵	点線	小隊	自由	125	国家主義全盛
現代	欧州大戦以後	持久戦争	国民皆兵（全男子）	戦闘群	面	分隊	統制	50内外	国家連合
将来	**最終戦争以後**	**決戦戦争**	**国民皆兵（全国民）**		**体**	**個人**		**20内外**	**世界統一**

本篇は『世界最終戦論』と題し、昭和十五年九月十日付で、立命館出版部から初版が刊行された。B六判八八頁の小冊子である。

その年の五月二十九日夜、京都市の義方会（東亜連盟会員・柔道家・福島清三郎氏の道場）で、石原は「人類の前史終らんとす」という演題の講話をした。石原は京都の第十六師団長であった。立命館大学教授だった田中直吉氏が講話の筆記を整理したのが『世界最終戦論』の内容だとのことである。

次いで、少しばかりの加筆をした改訂第一版が九月二十七日付で発行された。私の手許にある改訂第三十八版は同年十一月十五日付である。田中氏は八十版を重ねたと言っているから、数十万部が世に出たのであろう。今でも石原莞爾の著書と言えば、立命館版の『世界最終戦論』しか知らない人が多いのではあるまいか。

昭和十七年三月二十日付で、大阪の新正堂から『世界最終戦論』を出版した。B六判二一〇頁のものである。これには「世界最終戦論」の外に「質疑回答」「戦争史大観」「戦争史大観の由来記」を収めた。このとき私（石原六郎）は著者の了解の下に、文章に若干の改訂を加え、仏教の予言の年代を簡単な図表にして載せた。私が一万部の検印をした記憶がある。

今回の新版に当っては、若い人にも読み易いように、漢字や送り仮名を改めた。更に旧版は講演筆記の文章にとらわれ過ぎて、意味が曖昧なところもあるから、なるべく明確な表現になるように直した。しかし内容には少しも変化を加えていない。今度の改訂は許されるものと信じている。

最初は「世界最終戦争」と呼んでいたが、戦争中（十八年ごろであったと思う）に著者自身が「世界」を削って「最終戦争」に一定すると語ったことがあり、それ以後に彼が書いたものは、すべて「最終戦争」になっている。それで今度の新版からは「最終戦争論」に改め、本文でも全部「最終戦争」とした。今でも「世界最終戦争」と言っている人は、おそらく石原の後期の著作を読んでいないのであろう。

なお二、三の用語について説明したい。

「八紘一宇」

ある若い学者が、石原莞爾は当時流行の「八紘一宇」などという文字を振り廻わしていた、という意味のことを書いていたのを読んだことがあった。今では一般に「八紘一宇」は日本の世界征服の野望を表現した標語だったと考えられているらしい。

これは石原の信仰の師、田中智学氏が、日本書紀に出ている神武天皇建国の詔勅の中の、

……六合《りくごう》を兼ねて以て都を開き八紘を掩《おお》うて宇《いえ》を為さん……

から、その意味を端的に表現して作った新しい熟語である。今は詔勅の前後を、すべて省略したが、真意は全く日本の世界征服ではなく、道義に基づく世界統一の理想を述べているのである。田中智学氏が造語したのは昭和二年だとのことであるから、石原たちは「流行」するよりも大分前から、日本建国の理想を表わす言葉として盛んに使っていたのであった。

「統制主義」

石原の文章には「統制」あるいは「統制主義」という言葉が、しばしば出て来る。石原は前に、これと同じ意味に「全体主義」という言葉を使っていたころもあったが、後にはナチスなどの「全体主義」と混同されるおそれがあるので「統制主義」を使うことが多かった。それで今回の新版では「全体主義」を、ほとんど全部「統制主義」に改めた。ただし本書の「質疑回答」に出て来るナチスについて述べた部分は「全体主義」を、そのままに残した。

石原の「統制」は独特の用語である。本書を読めば理解されるであろうが、少し説明を加えることを許していただきたい。

石原は「社会の指導理念」が「専制」から「自由」へ、そして今や「統制」に変るものと考えた。「統制」とは「専制」と「自由」を総合発展（社会学の用語では

「止揚」というのに当るだろう）したものを意味するのである。これは「官僚統制」の「統制」とまぎらわしいので、本人も適当な用語があれば改めたい希望を持っていた。特に本書の一〇三頁や一〇四頁あたりを読んでいただきたい。

（石原六郎）

第二部　「最終戦争論」に関する質疑回答

昭和十六年十一月九日於酒田脱稿

第一問　世界の統一が戦争によってなされるということは人類に対する冒瀆であり、人類は戦争によらないで絶対平和の世界を建設し得なければならないと思う。

答　生存競争と相互扶助とは共に人類の本能であり、正義に対するあこがれと力に対する依頼は、われらの心の中に併存する。昔の坊さんは宗論に負ければ袈裟をぬいで相手に捧げ、帰伏改宗したものと聞くが、今日の人間には思い及ばぬことである。純学術的問題でさえ、理論闘争で解決し難い場面を時々見聞する。絶大な支配力のない限り、政治経済等に関する現実問題は、単なる道義観や理論のみで争いを決することは通常、至難である。世界統一の如き人類の最大問題の解決は結局、人類に与えられた、あらゆる力を集中した真剣な闘争の結果、神の審判を受ける外に途はない。誠に悲しむべきことではあるが、何とも致し方がない。

「鋒刃の威を仮らずして、坐《いなが》ら天下を平げん」と考えられた神武天皇は、遂に度々武力を御用い遊ばされ、「よもの海みなはらから」と仰せられた明治天皇は、遂に日清、日露の大戦を御決行遊ばされたのである。釈尊が、正法を護ることは単なる理論の争いでは不可能であり、身を以て、武器を執って当らねばならぬと説いているのは、人類の本性に徹した教えと言わねばならない。一人二人三人百人千人と次第に唱え伝えて、遂に一天四海皆帰妙法の理想を実現すべく力説した日蓮聖人も、信仰の統一は結局、前代未聞の大闘争によってのみ実現することを予言している。
刃《やいば》に衄《ちぬ》らずして世界を統一することは固より、われらの心から熱望するところであるが（六四頁）、悲しい哉、それは恐らく不可能であろう。もし幸い可能であるとすれば、それがためにも最高道義の護持者であらせられる天皇が、絶対最強の武力を御掌握遊ばされねばならぬ。文明の進歩とともに世は平和的にならないで闘争がますます盛んになりつつある。最終戦争の近い今日、常にこれに対する必勝の信念の下に、あらゆる準備に精進しなければならない。
最終戦争によって世界は統一される。しかし最終戦争は、どこまでも統一に入るための荒仕事であって、八紘一宇の発展と完成は武力によらず、正しい平和的手段によるべきである。

第二問　今日まで戦争が絶えなかったように、人類の闘争心がなくならない限り、戦争もまた絶対になくならないのではないか。

答　しかり、人類の歴史あって以来、戦争は絶えたことがない。しかし今日以後もまた、しかりと断ずるは過早である。明治維新までは、日本国内に於て戦争がなくなると誰が考えたであろうか。文明、特に交通の急速な発達と兵器の大進歩とによって、今日では日本国内に於ては、戦争の発生は全く問題とならなくなった（三五頁）。文明の進歩により戦争力が増大し、その威力圏の拡大に伴って政治的統一の範囲も広くなって来たのであるが、世界の一地方を根拠とする武力が全世界の至るところに対し迅速にその威力を発揮し、抵抗するものを迅速に屈伏し得るようになれば、世界は自然に統一されることとなる（三五頁）。

更に問題になるのは、たとい未曾有の大戦争があって世界が一度は統一されても、間もなくその支配力に反抗する力が生じて戦争が起り、再び国家の対立を生むのではなかろうかということである。しかしそれは、最終戦争が行なわれ得る文明の超躍的大進歩に考え及ばず今日の文明を基準とした常識判断に過ぎない。瞬間に敵国の中心地を潰滅する如き大威力（三七頁）は、戦争の惨害を極端ならしめて、人類が戦争を回避するに大きな力となるのみならず、かくの如き大威力の文明は一方、世界の交通状態を一変させる。数時間で世界の一周は可能となり、地球の広さは今日の日本よりも狭いように感ずる時代であることを考えるべきである。人類は自然に、心から国家の対立と戦争の愚を悟る。且つ最終戦争により思想、信仰の統一を来たし、文明の進歩は生活資材を充足し、戦争までして物資の取得を争う時代は過ぎ去り人類は、いつの間にやら戦争を考えなくなるであろう（五〇―五二頁）。

人類の闘争心は、ここ数十年の間はもちろん、人類のある限り恐らくなくならないであろう。闘争心は一面、文明発展の原動力である。しかし最終戦争以後は、その闘争心を国家間の武力闘争に用いようとする本能的衝動は自然に解消し、他の競争、即ち平和裡に、より高い文明を建設する競争に転換するのである。現にわれわれが子供の時分は、大人の喧嘩を街頭で見ることも決して稀ではなかったが、今日ではほとんど見ることができない。農民は品種の改善や増産に、工業者はすぐれた製品の製作に、学者は新しい発見・発明に等々、各々その職域に応じ今日以上の熱を以て努力し、闘争的本能を満足させるのである。

以上はしかし理論的考察で半ば空想に過ぎない。しかし、日本国体を信仰するものには戦争の絶滅は確乎たる信念でなければならぬ。八紘一宇とは戦争絶滅の姿である。口に八紘一宇を唱え心に戦争の不滅を信ずるものがあるならば、真に憐むべき矛盾である。日本主義が勃興し、日本国体の神聖が強調される今日、未だに真に八紘一宇の大理想を信仰し得ないものが少なくないのは誠に痛嘆に堪えない。

第三問　最終戦争が遠い将来には起るかも知れないが、僅々三十年内外に起るとは信じられない。

答　近い将来に最終戦争の来ることは私の確信である（三二―三五頁）。最終戦争が主として東亜と米州との間に行なわれるであろうということは私の想像である(四四頁)。最終戦争が三十年内外に起るであろうということは占いに過ぎない(四六頁)。私も常識を以てしては、三十年内外に起るとは、なかなか考えられない。

しかし最終戦争は実に人類歴史の最大関節であり、このとき、世界に超常識的大変化が起るのである。今日までの戦争は主として地上、水上の戦いであった。障害の多い地上戦争の発達が急速に行かないことは常識で考えられるが、それが空中に飛躍するときは、真に驚天動地の大変化を生ずるであろう。空中への飛躍は人類数千年のあこがれであった。釈尊が法華経で本門の中心問題、即ち超常識の大法門を説こうとしたとき、インド霊鷲山《りょうじゅせん》上の説教場を空中に移したのは、真に驚嘆すべき着想ではないか。通達無碍の空中への飛躍は、地上にあくせくする人々の想像に絶するものがある。地上戦争の常識では、この次の戦争の大変化は容易に判断し難い。

戦争術変化の年数が千年→三百年→百二十五年と逐次短縮して来たことから、この次の変化が恐らく五十年内外に来るであろうとの推断は、固より甚だ粗雑なものであるが、全くのデタラメとは言えない。常識的には今後三十年内外は余りに短いようであるが、私は「三十年内外」を否定することはよろしくないと信ずるものである。もし三十年内外に最終戦争が来ないで、五十年、七十年、百年後に延びることがあっても、国家にとって少しも損害にならないのであるが、仮に三十年後には来ないと考えていたのに実際に来たならば、容易ならぬこととなるのである。

私は技術・科学の急速な進歩、産業革命の状態、仏教の予言等から、三十年後の最終戦争は必ずしも突飛とは言えないことを詳論した。更に、第一次欧州大戦までは世界が数十の政治的単位に分かれていたのがその後、急速に国家連合の時代に突入して、今日では四つの政治的単位になろうとする傾向が顕著であり、見方によっては、世界は既に自由主義と枢軸の二大陣営に対立しようとしている。準決勝の時期がそろそろ終ろうとするこの急テンポを、どう見るか。

また統制主義を人類文化の最高方式の如く思う人も少なくないようであるが、私はそれには賛成ができない。元来、統制主義は余りに窮屈で過度の緊張を要求し、安全弁を欠く結果となる。ソ連に於ける毎度の粛清工作はもちろん、ドイツに於ける突撃隊長の銃殺、副総統の脱走等の事件も、その傾向を示すものと見るべきである。統制主義の時代は、決して永く継続すべきものではないと確信する。今日の世界の大勢は各国をして、その最高能率を発揮して戦争に備えるために、否が応でも、また安全性を犠牲にしても、統制主義にならざるを得ざらしめるのである。だから私は、統制主義は武道選手の決勝戦前の合宿のようなものだと思う。

合宿生活は能率を挙げる最良の方法であるけれども、年中合宿して緊張したら、うんざりせざるを得ない。決戦直前の短期間にのみ行なわれるべきものである。

統制主義は、人類が本能的に最終戦争近しと無意識のうちに直観して、それに対する合宿生活に入るための産物である。最終戦争までの数十年は合宿生活が継続するであろう。この点からも、最終戦争はわれらの眼前近く迫りつつあるものと推断する。

第四問　東洋文明は王道であり、西洋文明は覇道であると言うが、その説明をしてほしい。

答　かくの如き問題はその道の学者に教えを乞うべきで、私如きものが回答するのは僭越極まる次第であるが、私の尊敬する白柳秀湖、清水芳太郎両氏の意見を拝借して、若干の意見を述べる。

文明の性格は気候風土の影響を受けることが極めて大きく、東西よりも南北に大きな差異を生ずる。われら北種は東西を通じて、おしなべて朝日を礼拝するのに、炎熱に苦しめられている南種は同じく太陽を神聖視しながらも、夕日に跪伏する。回教徒が夕日を礼拝するように仏教徒は夕日にあこがれ、西方に金色の寂光が降りそそぐ弥陀の浄土があると考えている。日蓮聖人が朝日を拝して立宗したのは、真の日本仏教が成立したことを意味する。

熱帯では衣食住に心を労することなく、殊に支配階級は奴隷経済の上に抽象的な形而上の瞑想にふけり、宗教の発達を来たした。いわゆる三大宗教はみな亜熱帯に生まれたのである。半面、南種は安易な生活に慣れて社会制度は全く固定し、インドの如きは今なお四千年前の制度を固持して政治的に無力となり、少数の英人の支配に屈伏せざるを得ない状態となった。

北種は元来、住みよい熱帯や亜熱帯から追い出された劣等種であったろうが、逆境と寒冷な風土に鍛錬されて、自然に科学的方面の発達を来たした。また農業に発した強い国家意識と狩猟生活の生んだ寄合評定によって、強大な政治力が養われ今日、世界に雄飛している民族は、すべて北種に属する。南種は専制的で議会の運用を巧みに行ない得ない。社会制度、政治組織の改革は、北種の特徴である。アジアの北種を主体とする日本民族の歴史と、アジアの南種に属する漢民族を主体とする支那の歴史に、相当大きな相違のあるのも当然である。但し漢民族は南種と言っても黄河沿岸はもちろんのこと、揚子江沿岸でも亜熱帯とは言われず、ヒマラヤ以南の南種に比べては、多分に北種に近い性格をもっている。

清水氏は『日本真体制論』に次の如く述べている。

「……寒帯文明が世界を支配はしたけれども、決して寒帯民族そのものも真の幸福が得られなかった。力の強いものが力の弱いものを搾取するという力の科学の上に立った世界は、人類の幸福をもたらさなかった。弱いものばかりでなくて、強いものも同時に不幸であった。本当を言うと、熱帯文明の方が宗教的、芸術的であって、人間の目的生活にそうものである。寒帯文明は結局、人間の経済生活に役立つものであって、これは人間にとって手段生活である。寒帯文明が中心となってでき上がった人間の生活状態というものは、やはり主客転倒したものである。……

この二つのものは別々であってよいかと言うに、これは一つにならなければならないものである。インド人や支那人は、実に深遠な精神文化を生み出した民族であるが今日、寒帯民族のもつ機械文明を模倣し成長せしめることに成功していない。白色人種は、物質文化の行き詰まりを一面に於て唱えながらも、これを刷新せんとする彼らの案は、依然として寒帯文明の範疇を出ることができない。……

とにかく、日本民族は明白に、その特色をもっているのである。この熱帯文明と寒帯文明とが、日本民族によって融合統一され、次の新しい人間の生活様式が創造されなければならない。どうも日本民族をおいて、他にこの二大文明の融合によって第三文明を創造しうる能力をもったものが、外にないと思われる。つまり、寒帯文明を手段として、東洋の精神文化を生かしうる社会の創造である。西洋の機械文明が、東洋の精神文明の手段となるときに、初めて西洋物質文化に意味を生じ、東洋精神文化も、初めて真の発達を遂げうるのである。」

寒帯文明に徹底した物質文明偏重の西洋文明は、即ち覇道文明である。これに対し熱帯文明が王道文明であるかと言えば、そうではない。王道は中庸を得て、偏してはならぬ。道を守る人生の目的を堅持して、その目的達成のための手段として、物質文明を十分に生かさねばならない。即ち、王道文明は清水氏の第三文明でなければならない。

同じ北種でも、アジアの北種とヨーロッパの北種には、その文明に大きな相異を来たしている。日本民族の主体は、もちろん北種である。科学的能力は白人種の最優秀者に優るとも劣らないのみならず、皇祖皇宗によって簡明に力強く宣明せられた建国の大理想は、民族不動の信仰として、われらの血に流れている。しかも適度に円満に南種の血を混じて熱帯文明の美しさも十分に摂取し、その文明を荘厳にしたのである。古代支那の文明は今日の研究では、南種に属する漢人種のものではなく、北種によって創められたものらしいと言われているが、その王道思想は正しく日本国体の説明と言うべきである。この王道思想が漢人種によって唱導されたものでないにせよ、漢民族はよくこの思想を容れ、それを堅持して今日に及んだ。今日の漢民族は多くの北種の血を混じて南北両文明を協調するに適する素質をもち、指導よろしきを得れば、十分に科学文明を活用し得る能力を備えていると信ずる。

西洋北種は古代に於て果して、東洋諸民族の如き大理想を明確にもっていたであろうか。仮にあったにせよ、物質文明の力に圧倒され、かれらの信念として今日まで伝えられるだけの力はなかったのである。ヒットラーは古代ゲルマン民族の思想信仰の復活に熱意を有すると聞くが、ヒットラーの力を以てしても、民族の血の中に真生命として再生せしめることは至難であろう。ヨーロッパの北種はフランスを除けば、イギリスの如き地理的関係にあっても南種の混血は比較的少なく、ドイツその他の北欧の諸民族は、ほとんど北種間のみの混血で、現実主義に偏する傾向が顕著である。殊にヨーロッパでは強力な国家が狭小な地域に密集して永い間、深刻な闘争をくり返し、科学文明の急速な進歩に大なる寄与をなしたけれども、その覇道的弊害もますます増大して今日、社会不安の原因をなし、清水氏の主張の如く、これも根本的に刷新することが不可能である。

西洋文明は既に覇道に徹底して、みずから行き詰まりつつある。王道文明は東亜諸民族の自覚復興と西洋科学文明の摂取活用により、日本国体を中心として勃興しつつある。人類が心から現人神《あらひとがみ》の信仰に悟入したところに、王道文明は初めてその真価を発揮する。

最終戦争即ち王道・覇道の決勝戦は結局、天皇を信仰するものと然らざるものの決勝戦であり、具体的には天皇が世界の天皇とならせられるか、西洋の大統領が世界の指導者となるかを決定するところの、人類歴史の中で空前絶後の大事件である。

第五問　最終戦争が数十年後に起るとすれば、その原因は経済の争いで、観念的な王道・覇道の決勝戦とは思われない。

答　戦争の原因は、その時代の人類の最も深い関心を有するものに存する。昔は単純な人種間の戦争や、宗教戦争などが行なわれ、封建時代には土地の争奪が戦争の最大動機であった。土地の争奪は経済問題が最も大きな働きをなしている。近代の進歩した経済は、社会の関心を経済上の利害に集中させた結果、戦争の動機は経済以外に考えられない現状である。

自由主義時代は経済が政治を支配するに至ったのであるが、統制主義時代は政治が経済を支配せねばならぬ。世の中には今や大なる変化を生じつつある。しかし僅々三十年後にはなお、社会の最大関心事が依然として経済であり、主義が戦争の最大原因となるとは考えられない。けれども最終戦争を可能にする文明の飛躍的進歩は、半面に於て生活資材の充足を来たし、次第に今日のような経済至上の時代が解消するであろう。経済はどこまでも人生の目的ではなく、手段に過ぎない。人類が経済の束縛からまぬがれ得るに従って、その最大関心は再び精神的方面に向けられ、戦争も利害の争いから主義の争いに変化するのは、文明進化の必然的方向であると信ずる。即ち最終戦争時代は、戦争の最大原因が既に主義となる時代に入りつつあるべきはずである。

文明の実質が大変化をしても、人類の考えは容易にそれに追随できないために、数十年後の最終戦争に於ける最初の動機は、依然として経済に関する問題であろう。しかし戦争の進行中に必ず急速に戦争目的に大変化を来たして、主義の争いとなり、結局は王覇両文明の雌雄を決することとなるものと信ずる。日蓮聖人が前代未聞の大闘争につき、最初は利益のために戦いつつも争いの深刻化するに従い、遂に頼るべきものは正法のみであることを頓悟して、急速に信仰の統一を来たすべきことを説いているのは、最終戦争の本質をよく示すものである。

第一次欧州大戦以来、大国難を突破した国が逐次、自由主義から統制主義への社会的革命を実行した。日本も満州事変を契機として、この革新即ち昭和維新期に入ったのであるが、多くの知識人は依然として内心では自由主義にあこがれ、また口に自由主義を非難する人々も多くは自由主義的に行動していた。しかるに支那事変の進展中に、高度国防国家建設は、たちまち国民の常識となってしまった。冷静に顧みれば、平和時には全く思い及ばぬ驚異的変化が、何の不思議もなく行なわれてしまったのである。最終戦争の時代をおおむね二十年内外と空想したが（四六頁）、この期間に人類の思想と生活に起る変化は、全く想像の及ばぬものがある。経済中心の戦争が徹底せる主義の争いに変化するとの判断は、決して突飛なものとは言われない。

第六問　数十年後に起る最終戦争によって世界の政治的統一が一挙に完成するとは考えられない。

答　最終戦争は人類歴史の最大関節であり、それによって世界統一即ち八紘一宇実現の第一歩に入るのである。しかし真に第一歩であって、八紘一宇の完成はそれからの人類の永い精進によらねばならない。この点で質問者の意見と私の意見は大体一致していると信ずるが、それに関する予想を述べて見ることとする。

諸民族が長きは数千年の歴史によってその文化を高め、人類は近時急速にその共通のあこがれであった大統一への歩みを進めつつある。明治維新は日本の維新であったが、昭和維新は正しく東亜の維新であり、昭和十三年十二月二十六日の第七十四回帝国議会開院式の勅語には「東亜ノ新秩序ヲ建設シテ」と仰せられた。更にわれらは数十年後に近迫し来たった最終戦争が、世界の維新即ち八紘一宇への関門突破であると信ずる。

明治維新は明治初年に行なわれ、明治十年の戦争によって概成し、その後の数十年の歴史によって真に統一した近代民族国家としての日本が完成したのである。昭和維新の眼目である東亜の新秩序即ち東亜の大同は、満州事変に端を発し支那事変で急進展をなしつつあるが、その完成には更に日本民族はもちろん、東亜諸民族の正しく深い認識と絶大な努力を要する。

今日われらは、まず東亜連盟の結成を主張している。東亜連盟は満州建国に端を発したのであり当時、在満日本人には一挙に天皇の下に東亜連邦の成立を希望するものも多かったが、漢民族は未だ時機熟せずとして、日満華の協議、協同による東亜連盟で満足すべしと主張し、遂に東亜新秩序の第一段階として採用されるに至った。

東亜の新秩序は、最終戦争に於て必勝を期するため、なるべく強度の統一が希望される。東亜諸民族の疑心暗鬼が除去されたならば、一日も速やかに少なくも東亜連邦に躍進して、東亜の総合的威力の増進を計らねばならぬ。更に各民族間の信頼が徹底したならば、東亜の最大能力を発揮するために諸国家は、みずから進んで国境を撤廃し、その完全な合同を熱望し、東亜大同国家の成立即ち大日本の東亜大拡大が実現せられることは疑いない。特に日本人が「よもの海みなはらから」「西ひがしむつみかわして栄ゆかん」との大御心のままに諸民族に対するならば、東亜連邦などを経由することなく、一挙に東亜大同国家の成立に飛躍するのではなかろうか。

われらは、天皇を信仰し心から皇運を扶翼《ふよく》し奉るものは皆われらの同胞であり、全く平等で天皇に仕え奉るべきものと信ずる。東亜連盟の初期に於て、諸国家が未だ天皇をその盟主と仰ぎ奉るに至らない間は、独り日本のみが天皇を戴いているのであるから、日本国は連盟の中核的存在即ち指導国家とならなければならない。しかしそれは諸国家と平等に提携し、われらの徳と力により諸国家の自然推挙によるべきであり、紛争の最中に、みずから強権的にこれを主張するのは、皇道の精神に合しないことを強調する。日本の実力は東亜諸民族の認めるところである。日本が真に大御心を奉じ、謙譲にして東亜のために進んで最大の犠牲を払うならば、東亜の諸国家から指導者と仰がれる日は、案外急速に来ることを疑わない。日露戦争当時、既にアジアの国々は日本を「アジアの盟主」と呼んだではないか。

東亜連盟は東亜新秩序の初歩である。しかも指導国家と自称せず、まず全く平等の立場において連盟を結成せんとするわれらの主張は世人から、ややもすれば軟弱と非難される。しかり、確かにいわゆる強硬ではない。しかし八紘一宇の大理想必成を信ずるわれらは絶対の大安心に立って、現実は自然の順序よき発展によるべきことを忘れず、最も着実な実行を期するものである。下手に出れば相手はつけあがるなどと恐れる人々は、八紘一宇を口にする資格がない。

最終戦争と言えば、いかにも突飛な荒唐無稽の放談のように考え、また最終戦争論に賛意を表するものには、ややもすればこの戦争によって人類は直ちに黄金世界を造るように考える人々が多いらしい。共に正鵠を得ていない。最終戦争は近く必ず行なわれ、人類歴史の最大関節であるが、しかしそれを体験する人々は案外それほどの激変と思わず、この空前絶後の大変動期を過ごすことは、過去の革命時代と大差ないのではなかろうか。

最終戦争によって世界は統一する。もちろん初期には幾多の余震をまぬがれないであろうが、文明の進歩は案外早くその安定を得て、武力をもって国家間に行なわれた闘争心は、人類の新しい総合的大文明建設の原動力に転換せられ、八紘一宇の完成に邁進するであろう。日本の有する天才の一人である清水芳太郎氏は『日本真体制論』の中に、その文明の発展について種々面白い空想を述べている。

植物の一枚の葉の作用の秘密をつかめたならば、試験管の中で、われわれの食物がどんどん作られるようになり、一定の土地から今の恐らく千五百倍ぐらいの食料が製造できる。また豚や鶏を飼う代りに、繁殖に最も簡単なバクテリヤを養い、牛肉のような味のするバクテリヤや、鶏肉の味のバクテリヤ等を発見して、極めて簡単に蛋白質の食物が得られるようになる。これは決して夢物語ではなく、既に第一次欧州大戦でドイツはバクテリヤを食べたのである。

次に動力は貴重な石炭は使わなくとも、地下に放熱物体――ラジウムとかウラニウム――があって、地殻が熱くなっているのであるから、その放熱物体が地下から掘り出されるならば、無限の動力が得られるし、また成層圏の上には非常に多くの空中電気があるから、これを地上にもって来る方法が発見できれば、無限の電気を得ることになる。なお成層圏の上の方には地上から発散する水素が充満している。その水素に酸素を加えると、これがすばらしい動力資源になる。従って飛行機でそこまで上昇し、その水素を吸い込んでこれを動力とすれば、どこまでも飛べる。そして降りるときには、その水素を吸い込んで来て、次に飛び上がるときにこれを使用する。このようにして世界をぐるぐる飛び廻ることは極めて容易である。

この時代になると不老不死の妙法が発見される。なぜ人間が死ぬかと言えば、老廃物がたまって、その中毒によるのである。従ってその老廃物をどしどし排除する方法が採られるならば生命は、ほとんど無限に続く。現にバクテリヤを枯草の煮汁の中に入れると、極めて元気に猛烈な繁殖をつづける。暫くして自分の排出する老廃物の中毒で次第に繁殖力が衰えてゆくが、また新しい枯草の汁の中に持ってゆくと再び活気づいて来る。かくして次々と煮汁を新しくしてゆけば何時までも生きている。即ち不老不死である。

しからば人間が不老不死になると、人口が非常に多くなり世界に充満して困るではないかということを心配する人があるかも知れない。しかしその心配はない。自然の妙は不思議なもので、サンガー夫人をひっぱって来る必要がない。人間は、ちょうどよい工合に一人が千年に一人ぐらい子供を産むことになる。これは接木や挿木をくりかえして来た蜜柑には種子がなくなると同じである。早く死ぬから頻繁に子供を産むが、不老不死になると、人間は淡々として神様に近い生活をするに至るであろう。

また時間というものは結局温度である。人を殺さないで温度を変える。物を壊さないで温度を上げることができれば、十年を一年にちぢめることは、たやすいことである。逆に温度を下げて零下二百七十三度という絶対温度にすると、万物ことごとく活動は止まってしまう。そうなると浦島太郎も夢ではない。真に自由自在の世界となる。

更に進んで突然変異を人工的に起すことによって、すばらしい大飛躍が考えられる。即ち人類は最終戦争後、次第に驚くべき総合的文明に入り、そして遂には、みずから作る突然変異によって、今の人類以上のものが、この世に生まれて来るのである。仏教ではそれを弥勒《みろく》菩薩の時代というのである。

清水氏の空想の如き時代となれば、人類がその闘争本能を戦争に求めることは到底考えることができない。要は質問者の言う如く、世界の政治的統一は決して一挙に行なわれるのではなく、人類の文明は、すべて不断の発展を遂げるのである。しかし文明の発展には時に急湍がある。われらは最終戦争が人類歴史上の最大急湍であることを確認し、今からその突破にあらゆる準備を急がねばならぬ。

第七問　戦争の発達を東洋、特に日本戦史によらず、単に西洋戦史によるのは公正でないと思う。

答　「戦争史大観の由来記」に白状してある通り、私の軍事学に関する知識は極めて狭く、専門的にやや研究したのは、フランス革命を中心とする西洋戦史の一部分に過ぎない。これが最終戦争論を西洋戦史によった第一の原因である。有志の方々が東西古今の戦争史により、更に広く総合的に研究されることを切望する。必ず私と同一結論に達することを信ずるものである。

過去数百年は白人の世界征服史であり今日、全世界が白人文明の下にひれ伏している。その最大原因は白人の獲得した優れた戦争力である。しかし戦争は断じて人生や国家の目的ではなく、その手段にすぎない。正しい根本的な戦争観は西洋に存せずして、われらが所有する。

三種の神器の剣は皇国武力の意義をお示し遊ばされる。国体を擁護し皇運を扶翼《ふよく》し奉るための武力の発動が皇国の戦争である。

最も平和的であると信ぜられる仏教に於ても、涅槃《ねはん》経に「善男子正法を護持せん者は五戒を受けず威儀を修せずして刀剣弓箭鉾槊《きゅうせんぼうさく》を持すべし」「五戒を受持せん者あらば名づけて大乗の人となすことを得ず。五戒を受けざれども正法を護るをもって乃ち大乗と名づく。正法を護る者は正に刀剣器仗を執持すべし」と説かれてあり、日蓮聖人は「兵法剣形の大事もこの妙法より出たり」と断じている。

右のような考え方が西洋にあるかないかは無学の私は知らないが、よしあったにせよ、今日のかれらに対しては恐らく無力であろう。戦争の本義は、どこまでも王道文明の指南にまつべきである。しかし戦争の実行方法は主として力の問題であり、覇道文明の発達した西洋が本場となったのは当然である。

日本の戦争は主として国内の戦争であり、民族戦争の如き深刻さを欠いていた。殊に平和的な民族性が大きな作用をして、敵の食糧難に同情して塩を贈った武将の心事となり、更に戦の間に和歌のやりとりをしたり、あるいは那須の与一の扇の的となった。こうなると戦やらスポーツやら見境いがつかないくらいである。武器がすばらしい芸術品となったことなどにも日本武力の特質が現われている。

東亜大陸に於ては漢民族が永く中核的存在を持続し、数次にわたり、いわゆる北方の蕃族に征服されたものの、強国が真剣に相対峙したことは西洋の如くではない。殊に蕃族は軍事的に支那を征服しても、漢民族の文化を尊重したのである。また東亜に於ては西洋の如く民族意識が強烈でなく、今日の研究でも、いかなる民種に属するかさえ不明な民族が、歴史上に存在するのである。しかも東亜大陸は土地広大で戦争の深刻さを緩和する。

ヨーロッパは元来アジアの一半島に過ぎない。あの狭い土地に多数の強力な民族が密集して多くの国家を営んでいる。西洋科学文明の発達はその諸民族闘争の所産と言える。東洋が王道文明の伝統を保ったのに対し、西洋が覇道文明の支配下に入った有力な原因は、この自然的環境の結果と見るべきである。覇道文明のため戦争の本場となり、且つ優れた選手が常時相対しており、戦場も手頃の広さである関係上、戦争の発達は西洋に於て、より系統的に現われたのは当然である。私の知識の不十分から、研究は自然に西洋戦史に偏したのであるが、戦争の形態に関する限り甚だしい不合理とは言えないと信ずる。

私の戦争史が西洋を正統的に取扱ったからとて、一般文明が西洋中心であると言うのではないことを特に強調する。

第八問　決戦・持久両戦争が時代的に交互するとの見解は果して正しいか。

答　ナポレオンはオーストリア、プロイセン等の国々に対しては見事な決戦戦争を強行したのであるが、スペインに対しては実行至難となり、またロシヤに対しては彼の全力を以てしても、ほとんど不可能であった。第二次欧州大戦で新興ナチス・ドイツはポーランド、オランダ、ユーゴー、ギリシャ等の弱小国家のみならず、フランスに対しても極めて強力に決戦戦争を強制した。ソ連に対しては開戦当初の大奇襲によって肝心の緒戦に大成功を収めながら、そう簡単には行かない状況にある。またナポレオンも英国に対しては十年にわたる持久戦争を余儀なくされたが、ヒットラーも英国に決戦戦争を強制することは至難である。

右の如く同一時代に於て、ある時には決戦戦争が行なわれ、ある所では持久戦争となったのである。決戦・持久両戦争が時代的に交互するとの見解は十分に検討されなければならない。

如何なる時、如何なる所に於ても、両交戦国の戦争力に甚だしい懸隔があるときは持久戦争とはならないのは、もちろんであり、第二次欧州大戦に於けるドイツと弱小国家との間の如き、これである。戦争本来の面目はもちろん決戦戦争にあるが、戦争力がほぼ相匹敵している国家間に持久戦争の行なわれる原因は次の如くである。

1　軍隊価値の低下

文芸復興以来の傭兵は全く職業軍人である。生命を的とする職業は少々無理があるために、如何に訓練した軍隊でも、徹底的にその武力を運用することは困難であった。これがフランス革命まで持久戦争となっていた根本原因である。フランス革命の軍事的意義は職業軍人から国民的軍隊に帰ったことである。近代人はその愛国の赤誠によってのみ、真に生命を犠牲に供し得るのである。

支那に於ては、唐朝の全盛時代に於て国民皆兵の制度が破れて以来、その民族性は、極端に武を卑しみ、今日なお「好人不当兵」の思想を清算し得ないで、武力の真価を発揮しにくい状態にある。

日本の戦国時代に於ける武士は、日本国民性に基づく武士道によって強烈な戦闘力を発揮したのであるが、それでもなお且つ買収が行なわれ当時の戦争は、いわゆる謀略中心となり、必要の前には父母、兄弟、妻子までも利益のために犠牲としたのである。戦国時代の日本武将の謀略は、中国人も西洋人も三舎を避けるものがあった。日本民族はどの途にかけても相当のものである。今日、謀略を振り廻しても余り成功しないのは、徳川三百年の太平の結果である。

2　防禦威力の強大

戦争に於ける強者は常に敵を攻撃して行き、敵に決戦戦争を強制しようとするのである。ところが、そのときの戦争手段が甚だしく防禦に有利な場合には、敵の防禦陣地を突破することができないで、攻者の武力が敵の中枢部に達し得ず、やむなく持久戦争となる。

フランス革命以来、決戦戦争が主として行なわれたのであるが、第一次欧州大戦に於ては防禦威力の強大が戦争を持久せしめるに至った。第二次欧州大戦では戦車の進歩と空軍の大発達が攻撃威力を増加して、敵線突破の可能性を増加し、第一次欧州大戦当時に比し、決戦戦争の方向に傾きつつある。

戦国時代の築城は当時の武力をもってしては力攻することが困難で、それが持久戦争の重大原因となった。謀略が戦争の極めて有力な手段となったのは、それがためである。

ナポレオンは十年にわたるイギリスとの持久戦争を余儀なくされ、遂に敗れた。イギリスはその貧弱な陸上兵力にかかわらず、ドーバー海峡という恐るべき大水濠の掩護によって、ナポレオンの決戦戦争を阻止したのである。今日のナチス・ドイツに対する頑強な抵抗も、ドーバー海峡に依存している。イギリスのナポレオン及びヒットラーに対する持久戦争は、ドーバー海峡による防禦威力の強大な結果と見るべきである。

3　国土の広大

攻者の威力が敵の防禦線を突破し得るほど十分であっても、攻者国軍の行動半径が敵国の心臓部に及ばないときは、自然に持久戦争となる。

ナポレオンはロシヤの軍隊を簡単に撃破して、長駆モスコーまで侵入したのであるが、これはナポレオン軍隊の堅実な行動半径を越えた作戦であったために、そこに無理があった。従ってナポレオン軍の後方が危険となり、遂にモスコー退却の惨劇を演じて、大ナポレオン覇業の没落を来たしたのである。ロシヤを護った第一の力は、ロシヤの武力ではなく、その広大な国土であった。

第二次欧州大戦に於て、ソ連はドイツに対する唯一の強力な全体主義国防国家として、強大な武力をもっていた。統帥よろしきを得たならば、スターリン陣地を堅持して、ドイツと持久戦争を交え得る公算も、絶無ではなかったろうと考えられるが、ドイツの大奇襲にあい、スターリン陣地内に大打撃を受けて作戦不利に陥り、まさにモスコーをも失おうとしつつある。しかしスターリンが決心すれば、その広大な国土によって持久戦争を継続し得るものと想像される。

今次事変に於ける蔣介石の日本に対する持久戦争は中国の広大な土地に依存している。

右三つの原因の中、3項は時代性と見るべきでなく、国土の広大な地方に於ては両戦争の時代性が明確となり難い。ただし時代の進歩とともに、決戦戦争可能の範囲が逐次拡大することは当然であり、ある武力が全世界の至るところに決戦戦争を強制し得るときは、即ち最終戦争の可能性が生ずるときである。

1項は一般文化と不可分であり、2項は主として武器や築城に制約される問題であって、時代性と密接な関係がある。ただし海軍により海を以て完全な障害となし得る敵に対しては、今日までは決戦戦争が不可能であった。空軍が真の決戦軍隊となるとき、初めてその障害が全く力を失うのである。

即ち土地の広漠な東洋に於ては、両戦争の時代性が明確であると言い難いが、強国が相隣接し国土も余り広くなく、しかも覇道文明のために戦争の本場である欧州に於ては、両戦争が時代性と密に関連し、従って両戦争が交互に現われる傾向が顕著であった。特に現代の西欧では、軍隊の行動半径に対し土地の広さはますます小さくなり、しかも兵力の増加は敵正面の迂回を不可能にするため、戦争の性質は緊密に兵器の威力に関係し、全く時代の影響下に入ったものと言うべきである。

第九問　攻撃兵器が飛躍的に進歩しても、それに応じて防禦兵器もまた進歩するから、徹底した決戦戦争の出現は望み難いのではないか。

答　武器が攻防いずれに有利であるかが、戦争の性質が持久・決戦いずれになるかを決定する有力な原因である。

刀槍は裸体の個人間の闘争には決戦的武器であるが、鎧の進歩によってその威力は制限され、殊に築城に拠る敵を攻撃することは甚だしく困難となる。

小銃は攻撃よりも防禦に適する点が多い。殊に機関銃の防禦威力は、すこぶる大きい。これに対し、火砲は小銃に比し攻撃を有利にするが、その威力も築城と防禦方法の進歩により掣肘《せいちゅう》される。即ち近時の機関銃の出現と築城の進歩とは防禦威力を急速に高めたが、大口径火砲の大量使用は一時、敵線の突破を可能ならしめた。しかるに陣地が巧みに分散するに従って、火砲の支援による敵線の突破は再び至難となった。

戦車は攻撃的兵器である。第一次欧州大戦に於ける戦車の出現は、戦術界に大衝動を与えたが、その質と量とは未だ持久戦争から決戦戦争への変化を起させるまでには至らなかった。爾来二十数年、第二次欧州大戦に於ける戦車の数と質の大進歩は、空軍の威力と相俟って、ドイツ軍が弱小国及びフランスに果敢な決戦戦争を強制し得た原因の一つである。しかし真剣な努力を以てすれば、戦車の整備に対し対戦車砲の整備は却って容易であり、戦車による敵陣地の突破は、十分に準備した敵に対しては今日といえども必ずしも容易とは言えない。

しかるに飛行機となると、戦車が地上兵器としては極めて決戦的であるのに対しても、全く比較を絶する決戦的兵器である。地上の戦闘では土地が築城に利用され、場所によってはそのまま強い障害ともなり、防禦に偉大な力となる。水上では土地の如き利用物がなく、防禦戦闘は至難であり、防ぐ唯一の手段は攻めることである。更に空中戦に於ては、防禦は全く成立しない。

海上よりの攻撃に対する陸上の防禦は比較的容易である。大艦隊をもってしても、時代遅れの海岸要塞を攻略することの不可能であった歴史が多い。しかも海上から陸上を攻撃し得る範囲は極めて狭い。しかるに空中からの陸上や海上に対する攻撃の威力は極めて大きいのに対し、防空は至難である。対空射撃その他の防空戦闘の方法は進歩しても、成層圏にも行動し速度のますます大となる飛行機に対しては、小さな目標はとにかく、大都市の如き大目標防衛のための地上よりする防禦戦闘は、制空権を失えば、ほとんど不可能に近い。空軍のこの威力に対し、あらゆるものを地下に埋没しようとしても実行は至難であり、仮に可能としても、各種の能力を甚だしく低下させることは、まぬかれ難い。

空軍に対する国土の防衛は、ますます困難となるであろう。成層圏を自由自在に駆ける驚異的航空機、それに搭載して敵国の中枢部を破壊する革命的兵器は、あらゆる防禦手段を無効にして、決戦戦争の徹底を来たし、最終戦争を可能ならしめる。

第十問　最終戦争に於ける決戦兵器は航空機でなく、殺人光線や殺人電波等ではなかろうか。

答　小銃や大砲は直接敵を殺傷する兵器ではない。それによって撃ち出される弾丸が、殺傷破壊の威力を発揮するのである。軍艦の艦体即ち「ふね」は敵を撃破する能力はない。これに搭載される火砲や発射管から撃ち出される弾丸や魚雷によって敵艦を打ち沈める。

飛行機も軍艦と同様である。飛行機によって敵をいためるのではない。迅速に、遠距離に爆弾等を送り得ることが、飛行機の兵器としての価値である。

もし殺人光線、殺人電波その他の恐るべき新兵器が数千、数万キロメートルの距離に猛威をほしいままにし得るに至ったならば、航空機が兵器としての絶対性を失い、空軍建設の必要がなくなるわけである。しかし最終戦争に用いられる直接敵を撃滅する兵器が、みずからかくの如き遠距離に威力を発揮し得ない限り、将来ますます行動力の飛躍的発展を見るべき航空機によることが必要であり、空軍が決戦軍隊として最終戦争に活用されなければならない。即ち破壊兵器として今日の爆弾に代る恐るべき大威力のものが発明されることと信ずるが、これを遠距離に運んで、敵を潰滅するために航空機が依然として必要であろう。

第十一問　最終戦争に於ける戦闘指揮単位は個人だと言うが、将来の飛行機はますます大型となり指揮単位が個人と言うのは当らないのではないか。

答　指揮単位が個人になるとの判断は、今日までの大勢、即ち大隊→中隊→小隊→分隊と分解して来た過程から推察して次は個人となるだろうというので、考えには無理がないようであるが、次に来たるべき戦闘方法に対する判断がつかないため、私としても質問者と同様、具体的に考えると何となく割り切れないものがある。最終戦争の実体は、われらの常識では想像し難い点が多く、決戦は空軍によると言っても、その空軍は今日の飛行機とは全く異なったものの出現が条件である。ここでは折角の質問に対し、私の常識的想像を述べることとする。決して権威ある回答ではない。

戦闘機は燃料の制限を受けて行動半径が小さいのみでなく、飛行機の進歩に伴い、余り小型のものは、いろいろな掣肘を受け、大型機の速度増加に対して在来の如き優位の保持が困難となるし、大型爆撃機の巧妙な編隊行動と武装の向上によって、戦闘機の価値は逐次低下するものと判断されたのである。しかるに支那事変及び第二次欧州大戦の経験によれば、制空権獲得のためには戦闘機の価値は依然として極めて高い。

敵に爆弾を投ずる爆撃機の任務は固より重大であるが、将来とも空中戦の主体は依然として戦闘機であるとも考えられる。動力の大革命が行なわれ小型戦闘機の行動半径が大いに飛躍すれば、戦闘機は空中戦の花形として、ますます重要な位置を占める可能性がある。大型機は編隊行動と火力のみでなく、装甲等による防禦をも企図するであろうが、空中では水上のような重量の大きな防禦設備は望み難く、小型機はその攻撃威力を十分に発揮できる。空中戦の優者が戦争の運命を左右し、空中戦の勝負は主として小型戦闘機で決せられるものとせば、指揮単位が個人と言うのが正しいこととなる。

第十二問　最終戦争に於ける戦闘指導精神はどうなると思うか。

答　現時の持久戦争から次の決戦戦争即ち最終戦争への変転は再三強調したように、真に超常識の大飛躍である。地上に於ける発達と異なり、想像に絶するものがある。数学的発達をなす兵数（全男子より全国民）、戦闘隊形の幾何学的解釈（面より体）、戦闘指揮単位（分隊より個人）は別として、運用に関する戦闘隊形が戦闘群の次にどんなものになるかは、戦闘方法が全く想像もつかないのであるから判断ができない。同じく運用に関する戦闘指導精神が統制の次に、いかなるものであるかも、全く判断に苦しむ。それでこの二つは正直に白欄にしてあるのであるが、敢えて大胆に意見を述べることとする。

統制には、混雑と力の重複を避けるために必要の強制即ち専制的威力を用いると同時に、各兵、各部隊の自主的独断的活動は更に多くを要求されるのである。専制的強制は自由活動を助長するためである（二七頁）。即ち統制は自由から専制への後退ではなく、自由と専制を巧みに総合、発展させた高次の指導精神でなければならない。

専制は封建時代に於ける社会の指導精神であり、封建はすべての優秀民族が一度は経験したところである。文化のある時期には封建を必要とするのである。朝鮮の近世の衰微は、過早に郡県政治が行なわれ、官吏の短い在職期間に、できるだけ多く搾取しようとした官僚政治により、遂に国民の生産的、建設的企図心を根底的に消磨し、生活し得る最小限度の生産が、人民の経済活動の目標となった結果であった。封建君主がその領土、人民を子孫に伝えるため、十分にこれを愛惜する専制政治は、その時代には最もよい制度であったのである。しかし人智の進歩は遂に専制下では十分にその進歩的能力を活用し得ないようになり、フランス革命前後に優秀諸民族の間に自由主義革命が逐次実行され、潑剌たる個人の創意が尊重されて、文明は驚異的進歩を見た。

しかし、ものにはすべて限度がある。個人自由の放任は社会の進歩とともに各種の摩擦を激化し、今日では無制限の自由は社会全体の能率を挙げ得ない有様となった。統制はこの弊害を是正し、社会の全能率を発揮させるために自然に発生して来た新時代の指導精神に外ならない。戦闘指導精神が自由から統制に進んだと同一理由である（二七頁）。

新しく統制に入るには、自由主義時代に行き過ぎた私益中心を抑えるために、最初は反動的に専制即ち強制を相当強く用いなければならないのは、やむを得ないことである。殊に社会的訓練の経験に乏しいわが国に於て、ややもすれば統制が自由からの進歩ではなく自由から統制への後退であるが如き場面をも生じたのは、自然の勢いと言わねばならぬ。しかし統制によって社会、国家の全能力を遺憾なく発揮するためにも、個人の創意、個人の熱情が依然として最も重要であるから、無益の摩擦、不経済な重複を回避し得る範囲内に於て、ますます自由を尊重しなければならない。元来、理想的統制は心の統一を第一とし、法律的制限は最小限に止めるべきである。官憲統制よりも自治統制の範囲を拡大し得るようになることが望ましい。即ち統制訓練の進むに従って、専制的部面は逐次縮小されるべきである。

準決勝戦時代の統制訓練により、最終戦争時代の社会指導精神は、今日の統制より遥かに自由を尊重して、更に積極的に国家の全能力を発揮し得るものに進歩するであろう。「戦争史大観」では、兵役がフランス革命までの傭兵時代に於ては「職業」であったのに、フランス革命以後「義務」となったが、最終戦争時代は更に「義務」から「義勇」に進むものと予断している。英米の傭兵を義勇兵と訳するのは適当でない。ここに言う「義勇」は皇道扶翼のために進んで一身を捧げる真の義勇兵である。

フランス革命後、兵力が激増し殊に準決勝時代である今日の持久戦には、全健康男子が戦線に動員される。かくの如き大動員は義務を必要とする。最終戦争では、敵の攻撃を受けて堪え忍ぶ消極的戦争参加は全国民となるが、攻勢的軍隊は少数の精鋭を極めたものとなるであろう（三五―三六頁）。

かくの如き軍隊には公平に徴募する義務兵では適当と言えぬ。義務はまだ消極的たるをまぬがれない。人も我も許す真に優れた人々の義勇的参加であることが最も望ましい。ナチスの突撃隊、ファッショの黒シャツ隊等は、この傾向に示唆を与えているのではなかろうか。

戦闘指導精神も兵役と同一の方向をとり、最終戦争時代の社会指導精神と同じく、今日の統制よりも更に多くの自由を許すことにより、戦闘能力の積極的発揮に努めることとなるであろう。即ち自由と統制との総合発展ではなかろうか。

更に最終戦争終了後、即ち八紘一宇の建設期に入れば、人々の自由は更に高度に尊重され、全人類一致精進の中にも、各人は精練された自由の精神を以て、自主的に良心的にその全能力を発揮するような社会状態となるであろう。

統制主義の今日は、人類歴史中最も緊張した時代であり、少々の無理があっても最短期間に最大効果を挙げようとする合宿時代である。

第十三問　日本が最終戦争に於て必勝を期し得るという客観的条件が十分に説明され

ていない。単なる信仰では安心できないと思う。

答　われらは三十年内外に最終戦争が来るものとして、二十年を目標に東亜連盟の生産力をして米州の生産力を追い越させようとするのである。たしかに驚くべき計画であり、空想と笑われても無理はない。われらも決して楽観してはいない。難事中の至難事である。しかし天皇の御為め全人類のために、何としてもこれを実現せねばならぬ。

この頃の日本人は口に精神第一を唱えながら、資源獲得にのみ熱狂している。ドイツの今日は資源貧弱の苦境を克服するための努力が科学、技術の進歩をもたらしたのである。ドイツを尊敬する人は、まずこの点を学ぶべきである。特に最終戦争と不可分の関係にある、いわゆる第二産業革命に直面しつつある今日、この点が最も肝要である。

資源もある程度は必要である。しかるに日満支だけでも実に莫大な資源を蔵している。世界無比の日本刀を鍛えた砂鉄は八十億トン、あるいは百億トンと言われている。これだけでも鉄について日本は世界一の資源を持っていると言える。ただ砂鉄の少ない西洋の製鉄法を模倣して来た日本は、まだ砂鉄精錬に完全な成功を収めなかった。最近は純日本式の卓抜な方法が成功しつつある。楢崎式の如き、それである。満州国の鉄の埋蔵量もすばらしい。石炭は日本内にも相当にあるが、満州国の東半分は、どこを掘っても豊富な石炭が出て来る。更に山西に行けば世界衆知の大資源がある。石油は日本国内にも、まだまだある。熱河から陝西、甘粛、四川、雲南を経てビルマに至るアジアの大油脈があることは確実らしく、蘭印の石油はその末端と言われる。現に熱河には石油が発見され、陝西、甘粛、四川に油の出ることは世人の知るところである。大規模な試掘を強行せねばならぬ。石炭液化も今日まで困難な路を歩んで来たが、そろそろ純日本式の簡単で優秀な世界無比の能率よい方式が成功しつつある。前記の楢崎式の成功は、われらの確信するところである。その他の資源も決して恐れるに足りない。山西、陝西、四川以西の地は、ほとんど未踏査の地方で、いかなる大資源が出るかも計り難い。

東亜の最大強味は人的資源である。生産の最大重要要素は今日以後は特に人的資源である。日本海、支那海を湖水として日満支三国に密集生活している五億の優秀な人口は、真に世界最大の宝である。世人は支那の教育不振を心配するが、大したことはない。支那人は驚くべき文化人である。世界の驚異である美術工芸品を造ったあの力を活用し、速やかに高い能力を発揮し得ることを疑わない。

ただ問題となるのは、この人的物的資源を僅々二十年内に大動員し得るかである。固より困難な大作業である。しかし革命によって根底的に破壊したソ連が、資源は豊富であるにせよ、広大な地域に資源も人も分散している不利を克服し、あの蒙昧な人民を使用して五年、十年の間に成功した生産力の大拡張を思うとき、われらは断じて成功を疑うことができない。ただし偉大な達見と強力な政治力が必要だ。一億一心も滅私奉公も、明確なこの大目標に力強く集中されて初めて真の意義を発揮する。

特に私の強調したいのは、西洋人が物質文明に耽溺しているのに、われらは数千年来の父祖の伝統によって、心から簡素な生活に安んじ得る点である。日本の一万トン巡洋艦が同じアメリカの甲級巡洋艦に比べて、その戦闘力に大きな差異があるのは、主として日本の海軍軍人の剛健な生活のためである。先日、私は秋田県の石川理紀之助翁の遺跡を訪ねて、無限の感にうたれた。翁は十年の長い年月、草木谷という山中の四畳半ぐらいの草屋に単身起居し、その後、後嗣の死に遇い、やむなく家に帰った後も、極めて狭い庵室で一生を送った。この簡素極まる生活の中に数十万首の歌を詠み、香を薫じ、茶をたてつつ、誠に高い精神生活を営み、且つ農事その他に驚くべく進歩した科学的研究、改善を行なったのである。この東洋的日本的精神を生かし、生活を最大級に簡素化し、すべてを最終戦争の準備に捧げることにより、西洋人の全く思い及ばぬ力を発揮し得るのである。日本主義者は空論するよりも率先してこれを実行せねばならぬ。この簡素生活は目下国民の頭を悩ましつつある困難な防空にも、大きな光明を与えるものと信ずる。

困難ではあるが、われらは必ず二十年以内に米州を凌駕する戦争力を養い得るだろう。ここで注意すべきことは、持久戦争時代の勝敗を決するものは主として量の問題であるが、決戦戦争時代には主として質が問題となることである。しかし、われらが断然新しい決戦兵器を先んじて創作し得たならば、今日までの立遅れを一挙に回復することも敢えて難事ではない。時局が大急転するときは、後進国が先進者を追い越す機会を捉えることが比較的に容易である。科学教育の徹底、技術水準の向上、生産力の大拡充が、われらの奮闘の目標であるが、特に発明の奨励には国家が最大の関心を払い、卓抜果敢な方策を強行せねばならぬ。

発明奨励のために国民が第一に心掛けねばならないのは、発明を尊敬することである。日本に於ける天才の一人である大橋為次郎翁は、皇紀二千六百年記念として、明治神宮の近くに発明神社を建て、東西古今を通じて、卓抜な発明によって人類の生活に大きな幸福を与えてくれた人々を祭りたいと、熱心に運動していた。私は極めて有意義な計画と信ずるが、残念ながら創立できなかった。願わくば全国民が胸の中に発明神社を建てて頂きたい。この重大時期に於て天才はややもすれば社会的重圧の下に葬られつつある。

発明奨励の方法は官僚的では絶対にいけない。よろしく成金を動員すべきである。独断で思い切った大金を投げ出し得るものでなければ、発明の奨励はできない。発明がある程度まで成功すれば、その発明家に重賞を与えるとともに、その発明を保護したものに対しては勲章を賜わるようお願いする。現在では勲章は主として官吏に年功によって授けられる。自由主義時代ならば、国家の統制下にある官吏が特別の恩賞に浴するのは当然であろうが、統制時代には、真に国家に積極的な功績のあったものに、職域等にこだわらず、公正に恩賞を賜わることが肝要である。発明の価値によっては、その保護者に授爵も奏請すべきである。更に一代の内に儲けた財産に対しては極めて高い相続税を課する等の方法を講じたならば、成金は自分の儲けた全部を発明奨励に出すことになるだろう。自分の力によって儲けた富を最終戦争準備の発明奨励に捧げることは、昭和時代の成金の名誉であり、誇りでなければならぬ。

成功の確実な見込がついた発明は、これを国家の研究機関で総合的学術の力によって速やかに工業化する。大研究機関の新設は固より必要であるが、全日本の研究機関を、形式的でなく有機的に統一し、その全能力を自主積極的に発揮させるべきである。

最終戦争のためには、どれだけの地域をわが協同範囲としなければならないかは一大問題である。作戦上及び資源関係よりすれば、なるべく広い範囲が希望されるのであるが、同時に戦争と建設とはなかなか両立し難く、大建設のためにはなるべく長い平和が希望される。徒らに範囲拡大のために力を消耗することは、慎重に考えねばならぬ。このことについても持久戦争時代と異なり、決戦戦争に徹底する最終戦争に於ては、必ずしも広い地域を作戦上絶対的に必要とはしないのである。優秀な武力が一挙に決戦を行ない得るからである。

以上の如く、われらが最終戦争に勝つための客観的条件は固より楽観すべきではないが、われらの全能力を総合運用すれば、断じて可能である。そしてこの超人的事業を可能にするものは、国民の信仰である。八紘一宇の大理想達成に対する国民不動の信仰が、いかなる困難をも必ず克服する。苦境のどん底に落ちこんでも泰然、敢然と邁進する原動力は、この信仰により常に光明と安心とを与えられるからである。日本国体の霊力が、あらゆる不足を補って、最終戦争に必勝せしめる。

第十四問　最終戦争の必然性を宗教的に説明されているが、科学的に説明されない限り現代人には了解できない。

答　この種の質問を度々受けるのは、私の実は甚だ意外とするところである。私は日蓮聖人の信者として、聖人の予言を確信するものであり、この信仰を全国民に伝えたい熱望をもっている。しかし「最終戦争論」が決して宗教的説明を主とするものでないことは、少しく丁寧に読まれた人々には直ちに理解されることと信ずる。この論は私の軍事科学的考察を基礎とするもので、仏の予言は政治史の大勢、科学・産業の進歩とともに、私の軍事研究を傍証するために挙げた一例に過ぎない。

私の軍事科学の説明が甚だ不十分であることは、固より自認するところである。しかしかくの如き総合的社会現象を完全に科学をもって証明することは不可能のことである。科学的とみずから誇るマルクス主義に於てすら、資本主義時代の後に無産者独裁の時代が来るとの判断は結局、一つの推断であって、決して科学的に正確なものとは言えない。この見地に立てば、不完全な私の最終戦争必至の推断も相当に科学的であるとも言い得るではなかろうか。日本の知識人は今日まで軍事科学の研究を等閑にし、殊に自由主義時代には、歴史に於て戦争の研究を、ことさらに軽視していた。戦争は人類の有するあらゆる力を瞬間的に最も強く総合運用するものであるから、その歴史は文明発展の原則を最も端的に示すものと言うべきである。また戦争は多くの社会現象の中で最も科学的に検討し易いものではなかろうか。

近時、宗教否定の風潮が強いのに乗じ、「『最終戦争論』に予言を述べているのは穏当を欠く。予言の如きは世界を迷わすものである」と批難する人が多い由を耳にする。人智がいかに進んでも、脳細胞の数と質に制約されて一定の限度があり、科学的検討にも、おのずから限度がある。そしてそれは宇宙の森羅万象に比べては、ほんの局限された一部分に過ぎない。宇宙間には霊妙の力があり、人間もその一部分をうけている。この霊妙な力を正しく働かして、科学的考察の及ばぬ秘密に突入し得るのは、天から人類に与えられた特権である。人もし宇宙の霊妙な力を否定するならば、それは天御中主神の否定であり、日本国体の神聖は、その重大意義を失う結果となる。天照大神、神武天皇、釈尊の如き聖者は、よく数千年の後を予言し得る強い霊力を有したのである。予言を批難しようとする科学万能の現代人は、「天壌無窮」「八紘一宇」の大予言を、いかに拝しているのか。皇祖皇宗のこの大予言は実にわれらが安心の根底である。

第十五問　産業大革命の必然性についての説明が不十分であると思う。

答　全くその通りである。私の知識は軍事以外は皆無に近い。「最終戦争論」は、信仰によって直感している最終戦争を、私の専門とする軍事科学の貧弱ながら良心的な研究により、やや具体的に解釈し得たとの考えから、敢えて世に発表したのである。その際、軍事は一般文明の発展と歩調を同じくするとの原則に基づき、各方面から観察しても同一の結論に達するだろうとの信念の下に、若干の思いつきを述べたに過ぎない。

この質疑回答の中にも、私の分を越えた僭越な独断が甚だ多いのは十分承知しており、誠にお恥ずかしい極みである。志ある方々が、思想・社会・経済等あらゆる方面から御検討の上、御教示を賜わらんことを切にお願い申上げる次第である。「東亜連盟」誌上の橘樸氏の発表に対しては、私は心から感激している。

立命館版『世界最終戦論』は数十万部が売れて広く読まれたのであるが、それに対する多くの質問が石原の耳に入ったらしい。石原は昭和十六年三月、予備役に編入され、同年九月には郷里、鶴岡市に居を定め、東亜連盟運動に東奔西走の日を送った。その間に質問に対する回答の筆を執っていたものと見え、原稿には「昭和十六年十一月九日於酒田脱稿」と書いてある。昭和十七年三月に出た新正堂版の『世界最終戦論』に収録した。

新版を出すに当り、これも用字と用語をなるべく現代風に改めた。

（石原六郎）

日本ファシズム＝革命の世界像

松本　健一

橋川文三が一九六四年に発表した「昭和超国家主義の諸相」という論文に接したときの衝撃を、わたしはいまに忘れない。

この論文は、筑摩書房が当時出していた「現代日本思想体系」31の『超国家主義』という文献集における解説である。タイトルも、元詩人のつけたものともおもえぬ、いかにも解説ふうの無愛想なものだ。しかし、この論文には異様な熱気がただよっていた。

その異様な熱気は、一つに、これが丸山真男の「超国家主義の論理と心理」という論文――それは戦後民主主義を唱導した画期的な論文だった――に対する、異議申し立てによって生まれていた。すなわち、丸山が日本の超国家主義＝ファシズムの根本的特質を、明治の「天皇制国家原理そのもの」に求めていたのに対し、橋川は昭和の「あの太平洋戦争期に実在したもの」は明治国家の支配原理をいわば超越する、「まさに超国家主義そのもの」だったのではないか、と主張したのである。

この橋川の超国家主義＝日本ファシズム理解は、丸山真男の戦後民主主義革命理論に接続するファシズム理解に対する、明らかな挑戦だった。つまり、丸山にあっては日本ファシズムは天皇制国家の「支配」原理の膨脹であるのに対し、橋川にあってはその超越いわば「革命」理論だったのである。しかも、丸山は橋川の学問上の師であるから、この橋川の仮説は、表面上は穏やかだが底には異様な熱気がこもるという、異議申し立てとならざるをえなかった。

わたしはこの仮説を提出した橋川文三の果敢な、ある意味では無防備ともいえる精神の姿勢に強く心を魅かれた。その結果、わたしは「昭和超国家主義の諸相」に接した五年後、発掘したばかりの北一輝初期論文とそれについての考察をめぐらしたいくつかの論文をもって、橋川さんのもとをおとずれることになったのだった。勤めていた会社をやめて大学院に入りなおした半年後、一九六九年晩秋のことだったろう。

それゆえ、吉本隆明さんが後年、わたしのことを「橋川文三の弟子」とよんだときにも、ある意味ではそうかもしれないな、と客観的におもったものだった。事実とすれば、わたしは橋川さんが教鞭をとっていた明治大学の卒業生でもなければ、そのゼミに参加したこともなかった。大学での授業ということになれば、わたしはむしろ「丸山真男の弟子」ということになる。しかし、そんなことは、わたしのほうでも丸山さんのほうでも、考えたことがなかった。

あるとき——それは竹内好没後十年祭の一九七六年のことであったが——、丸山真男さんと立ち話をしていたら、久野収さんが近付いてきて、「丸山くんはいいなあ、松本健一のようなお弟子さんがいて」といった。わたしが苦笑していると、丸山さんが顔を真赤にして手を横にふりながら、「いや、違う、かれは違う」と必死の抗弁をした。その様子がいかにも面白かった憶えがある。

そういった私事はともかく、橋川の「昭和超国家主義の諸相」にただよっていた異様な熱気のもう一つの原因は、この『超国家主義』という文献集に収められているか否かにかかわらず、橋川文三がその解説で扱っていたいくつかの思想文献それじたいから伝わってくる、デモーニッシュな力にあったのだろう。それはたとえばわたしにとって、どのような思想文献であったのか、というと、まず朝日平吾『死の叫び声』であり、北一輝『日本改造法案大綱』であり、石原莞爾『世界最終戦論』の三つであった。

この三者にふれて、橋川文三は「ごく大雑把に図式化していえば」という留保のもとに、次のような位置づけを描いてみせてくれていた。

「私は日本の超国家主義は、朝日（平吾）・中岡（艮一）・小沼（正）といった青年たちを原初的な形態とし、北一輝（別の意味では石原莞爾）において正統な完成形態に達するものと考え、井上日召・橘孝三郎らはその一種中間的な形象とみなしている。その基準は何かといえば、明治的な伝統的国家主義からの超越・飛翔の水準がその一つであり、もう一つは、伝統破壊の原動力としての、カリスマ的能力の大小ということである。」

こういった橋川の図式に対して、いまのわたしは若干の修正を加えたい気もちがある。それは、一言でいえば、朝日平吾を超国家主義＝ファシズムの「原初的な形態」とし、北一輝や石原莞爾を「正統な完成形態」と図式化するのは、やや機械的にすぎるのではないか、ということである。

北一輝や石原莞爾が「明治的な伝統的国家主義からの超越・飛翔」であるとするなら、朝日平吾もまた十分に伝統的国家主義の破壊者であった。カリスマ的能力という点からいえば、朝日のそれはたとえ死後であっても、北や石原に十分匹敵するものであった。そうでなければ、北一輝が朝日の血染めの衣を保存したり、朝日の遺志をつごうとするものがその骨を喰ってしまおうとするような行為をしたりするはずがなかった。

つまり、朝日平吾と北一輝・石原莞爾とを分かつのは、明治の伝統的国家主義を超越するのに、その破壊的「行動」をもってするものとその「思想」によって革命の世界像を描いてみるものとの、資質の違いによるのではなかったか、とおもうのである。

ともあれ、わたしは『超国家主義』の文献を読んだあと、そこには入っていない『嗚呼朝日平吾』（奥野貫編著、大正十一年刊）や北の「大正安国論」でもある『支那革命外史』などの入った著作集などを手に入れ、また石原莞爾述『世界最終戦論』（立命館出版部。削除済。昭和十五年刊）などを古書店で買い求めて、読みすすめるようになったのだ。なお、この時点では、石原の著作集（たまいらぼ刊）はまだ世に出ていなかった。（それゆえ、わたしなどは本書のタイトルである「最終戦争論」よりも、「世界最終戦論」のほうにより親しみをおぼえている）。

では、北一輝や石原莞爾がその「思想」によって日本ファシズム＝革命の世界像を描いてみようとした衝迫は、何か。

それは一つに、かれらがともに日蓮もしくは法華経の信奉者（行者）だったことである。たとえば北は、日蓮の『立正安国論』にならって、「戦ナキ平和ハ天国ノ道ニアラズ」（『日本改造法案大綱』緒言）といい、「天皇大権ノ発動」によるクーデター（国家改造）を志向した。

これに対して、田中智学の創始した日蓮宗国柱会の熱烈な信者であった石原は、「日蓮上人は将来に対する重大な予言をしております。日本を中心として世界に未曾有の大戦争が必ず起る。そのときに本化上行（菩薩）が再び世の中に出て来られ、本門の戒壇を日本国に建て、日本の国体を中心とする世界統一が実現するのだ。こういう予言をして亡くなられたのであります。」（第五章「仏教の予言」）

といって、「満州国」をつくったさいには「南無妙法蓮華経」の垂れ幕をさげた。

北一輝と石原莞爾の日本ファシズム＝革命の世界像は、微妙に似通っている。その二人の言動がどこで違ってくるかというと、二・二六事件のさいに、北が蹶起した青年将校の背後におり、石原がその鎮圧軍の実質的指導者になったように、現象的には北が皇道派、石原が統制派に属していた。

しかし、そういう現象面での違い以上に、「思想」的に大きな対極をかたちづくっているのが、中国問題を間にはさんだアメリカとの関係である。ここで、かれらを国家改造＝昭和維新運動に駆り立てた衝迫の第二の契機として、中国問題が指摘できるだろう。

北一輝が中国の民族主義的な辛亥革命（一九一一年）に主体的に加わっていったことは、周知のところであろう。また、その革命が成立したとき石原は朝鮮の守備隊にいたのだが、じぶんの部隊をひきいて近くの山上にのぼり、「中国の革命」に対して「万歳」を叫んでいる。しかし、その喜びも束の間に終わり、孫文は袁世凱と妥協し、袁は革命の理想をふみにじって、容易に「革命の精神」は行なわれない。かくて石原は、「中国人の政治的能力に疑を懐《いだ》かざるを得ない様」になった、というのである。（「満州建国前夜の心境」一九四二＝昭和十七年）

だが、こういった辛亥革命後の中国の混乱は、北によれば、その責任が中国それじしんにのみあるわけではない。北は「支那革命外史序」（一九二一＝大正十年）に、次のように書いている。

「徒《いたず》らに民主国の名を冠して而《しか》も何等の建設、何等の破壊を為し得なんだ爾後《じご》十年間の支那自身の為めにも恥づべき限りであった。支那が日本の軽侮を招いたのは必ずしも不当でない。日本亦《また》徒らに大正義の改元を宣して而も其の支那に加へた言動は悉《ことごと》く不義の累積であった。」

北によれば、日本は「支那及び日本の為めに」第一次世界大戦に「参加すべ」きでなかった。その青島占領は、どさくさまぎれの火事場泥棒にちかく、ましてこれにつづく「対支二十一ヶ条の要求」のごときは、「遺憾限りなし」の行為で、いわば「太陽に向って矢を番ふ」ような不義であった、というのだ。

かくのごとき日本外交政策に対して、日本は中国問題に関しては、アメリカと同盟せよ、という。そうして北は、日米戦争は必ず日本がアメリカのみならず英、ソ、中国を敵にまわした世界大戦を惹起することになるから、これをしてはならない、と予言したのである。

ところが、石原は東洋文明の日本とアングロサクソンの西洋文明の代表であるアメリカとが、「世界文明統一」のための「最終戦争」をおこなう、と予言したのである。「どうも、ぐうたらのような東亜のわれわれの組と、それから成金のようでキザだけれども若々しい米州、この二つが大体、決勝に残るのではないか。この両者が太平洋を挟んだ人類の最後の大決戦、極端な大戦争をやります」、と。

石原のこのような「世界最終戦」論は、一見、もう一人の日本ファシズムのイデオローグ大川周明の東西文明対抗史観にもとづく日米戦争観（『米英東亜侵略史』昭和十七年）と相似形をかたちづくっている。ただ、ことはそう簡単でない。石原の「世界最終戦」の理念は、かれがいわば独力でつくりあげた「満州独立国」の理念、およびかれの指導下にあった「東亜聯盟」の理念と、三位一体（橋川文三の表現）をなすものであったからである。

たとえば、石原は満州建国直後の昭和八年（一九三三）、「軍事上ヨリ見タル皇国ノ国策」において、この理念的な三位一体を次のような世界像として提示していた。

「一、皇国トアングロサクソントノ決勝戦ハ、世界文明統一ノタメ人類最後最大ノ戦争ニシテ、ソノ時期ハ必ズシモ遠キ将来ニアラズ。

二、右大戦争ノ準備トシテ、皇国目下ノ国策ハ、マズ東亜聯盟ヲ完成スルニアリ。

三、……現今ノ急務ハ、マズ東亜聯盟ノ核心タル、日満支三国協同ノ実ヲ挙グルニアリ。」

石原の「世界最終戦」論がこのような世界構想のうえに立脚していたとすれば、そういった日本ファシズム＝革命の世界像を抜きに、日米必戦の「世界最終戦争」を論じるわけにはいかない。これは、日米戦争を論じるのに、「満州国」ひいては中国問題を抜きにはできない、ということである。

もっと分りやすくいえば、第二次世界大戦＝日米戦争を「パール・ハーバー」から論じはじめてはいけない。それは「満州国」からはじめなければならない。――この考えは、侵略の起点を満州事変においた東京裁判史観ではなく、大東亜戦争を満州事変の時点から裁くというのならまず満州事変の当事者である石原莞爾から裁かなければならない、といった石原の発言そのものから導き出されてくるものだろう。

石原の考えでは、やや重ねていうが、「世界最終戦」としての日米戦争は、「天皇が世界の天皇で在らせらるべきものか、アメリカの大統領が世界を統制すべきものかという人類の最も重大な運命が決定するであろうと思うのであります。即ち東洋の王道と西洋の覇道の、いずれが世界統一の指導原理たるべきかが決定するのであります。」

という思想のものである。

つまりそこでは、「民族協和」の理念を掲げた独立国としての「満州国」が、中国とともに、「東洋の王道」の「東亜聯盟」を形づくることが想定されている。

このばあい、日本によって侵略されている中国が果してこのような「東亜聯盟」に加わるものかどうか、というような反問は、意味をなさない。なぜなら石原にとって、戦争は「恐るべき惨虐」をもたらすものではあっても、「武道大会に両方の選士が出て来て」その勝敗を争うものにすぎないからである。中国は、石原の日本ファシズム＝革命の世界像にあっては、当然のように「東亜聯盟」の一端を形成しているのである。

本書は『最終戦争論・戦争史大観』（『石原莞爾選集3　最終戦争論』一九八六年三月　たまいらぼ刊）を底本とし、『世界最終戦争論』（一九四〇年九月　立命館出版部）をも参照した。

「最終戦争論」『最終戦争論・戦争史大観』一九九三年　中公文庫

中公文庫

最終戦争論《さいしゅうせんそうろん》

1993年 7 月10日　初版発行
2001年 9 月25日　改版発行
2021年 6 月30日　改版15刷発行

著　者　石《いし》原《はら》莞《かん》爾《じ》

発行者　松田陽三

発行所　中央公論新社
〒100-8152　東京都千代田区大手町1-7-1
電話　販売 03-5299-1730　編集 03-5299-1890
URL http://www.chuko.co.jp/

印　刷　三晃印刷
製　本　小泉製本

Published by CHUOKORON-SHINSHA, INC.
Printed in Japan　ISBN978-4-12-203898-1 C1121

定価はカバーに表示してあります。落丁本・乱丁本はお手数ですが小社販売部宛お送り下さい。送料小社負担にてお取り替えいたします。

各書目の下段の数字はISBNコードです。978－4－12が省略してあります。

中公文庫既刊より

い-61-3
戦争史大観　石原莞爾
使命感過多なナショナリストの魂と冷徹なリアリストの眼をもつ石原莞爾。真骨頂を示す軍事学論・戦争史観・思索史的自叙伝を収録。〈解説〉佐高 信
204013-7

お-47-3
復興亜細亜の諸問題・新亜細亜小論　大川周明
チベット、中央アジア、中東。今なお紛争の火種となっている地域を「東亜の論客」が第一次世界大戦後の〈復興〉という視点から分析、提言する。〈解説〉大塚健洋
206250-4

き-42-1
日本改造法案大綱　北 一輝
軍部のクーデター、そして戒厳令下での国家改造シナリオを提示し、二・二六事件を起こした青年将校たちの理論的支柱となった危険な書。〈解説〉嘉戸一将
206044-9

ク-6-1
戦争論（上）　クラウゼヴィッツ　清水多吉訳
プロイセンの名参謀としてナポレオンを撃破した比類なき戦略家クラウゼヴィッツ。その思想の精華たる本書は、戦略・組織論の永遠のバイブルである。
203939-1

ク-6-2
戦争論（下）　クラウゼヴィッツ　清水多吉訳
フリードリッヒ大王とナポレオンという二人の名将の戦史研究から戦争の本質を解明し体系的な理論化をなしとげた近代戦略思想の聖典。〈解説〉是本信義
203954-4

マ-10-5
戦争の世界史（上）技術と軍隊と社会　W・H・マクニール　高橋 均訳
軍事技術は人間社会にどのような影響を及ぼしてきたのか。大家が長年あたためてきた野心作。上巻は古代文明から仏革命と英産業革命が及ぼした影響まで。
205897-2

マ-10-6
戦争の世界史（下）技術と軍隊と社会　W・H・マクニール　高橋 均訳
軍事技術の発展はやがて制御しきれない破壊力を生み、人類は怯えながら軍備を競う。下巻は戦争の産業化から冷戦時代、現代の難局と未来を予測する結論まで。
205898-9